"十三五"国家重点出版物出版规划项目

绿色建筑消防安全技术

建筑外墙聚氨酯保温材料的火灾特性与安全设计

李　风　张泽江　刘　微　葛欣国
李利君　何　瑾　尹朝露　　　　　著

西南交通大学出版社
·成都·

图书在版编目（CIP）数据

建筑外墙聚氨酯保温材料的火灾特性与安全设计 / 李风等著. -- 成都：西南交通大学出版社，2022.12

（绿色建筑消防安全技术）

"十三五"国家重点出版物出版规划项目

ISBN 978-7-5643-9120-1

Ⅰ.①建… Ⅱ.①李… Ⅲ.①建筑物 – 外墙 – 聚氨酯 – 保温材料 – 建筑火灾 – 研究②建筑物 – 外墙 – 聚氨酯 – 保温材料 – 安全设计 – 研究 Ⅳ.①TU111.4

中国版本图书馆 CIP 数据核字（2022）第 254630 号

"十三五"国家重点出版物出版规划项目
绿色建筑消防安全技术

Jianzhu Waiqiang Ju'anzhi Baowen Cailiao de Huozai Texing yu Anquan Sheji
建筑外墙聚氨酯保温材料的火灾特性与安全设计

李　风　张泽江　刘　微　葛欣国
李利君　何　瑾　尹朝露　　　　　著

出 版 人	王建琼
责 任 编 辑	杨　勇
封 面 设 计	墨创文化
出 版 发 行	西南交通大学出版社 （四川省成都市金牛区二环路北一段 111 号 西南交通大学创新大厦 21 楼）
营销部电话	028-87600564　028-87600533
邮 政 编 码	610031
网　　　址	http://www.xnjdcbs.com
印　　　刷	成都蜀通印务有限责任公司
成 品 尺 寸	170 mm × 230 mm
印　　　张	6.75
字　　　数	124 千
版　　　次	2022 年 12 月第 1 版
印　　　次	2022 年 12 月第 1 次
书　　　号	ISBN 978-7-5643-9120-1
定　　　价	48.00 元

图书如有印装质量问题　本社负责退换
版权所有　盗版必究　举报电话：028-87600562

前　言

聚氨酯高分子材料具有绝热效果好、机械强度高、耐化学腐蚀、电性能稳定、隔音效果好等优异性能，迄今为止，它以泡沫、黏合剂、涂料、弹性体等各种形式被应用于工业、农业和人民日常生活。聚氨酯燃烧属于复杂的异构化过程，其热降解历程包含数个多级降解反应，由于合成原料异氰酸酯和多元醇化合物种类繁多，不同制品所涉及的合成工艺、添加助剂各不相同等，因此聚氨酯制品组成结构存在差异，燃烧时的热降解历程也有较大区别。近年来建筑外墙火灾频发，促使学者、消费者对常作为外墙保温材料的聚氨酯泡沫阻燃性能与机理、降解历程及其烟气毒性关注度上升。

本书聚焦于聚氨酯外墙保温材料热解和燃烧过程中中间体和产物的化学结构、空间构型和浓度变化研究，探讨了气相产物生成规律，揭示了其中CO、HCN、NO_x等有毒有害气体的生成机制及其在不同温度下的气体毒性产物，并对不同温度下的燃烧残余物进行了成分分析。采用无卤阻燃技术改性聚氨酯保温材料，考察了其热降解过程、成炭能力以及烟气成分，研究了抑制保温材料降解、促进成炭及消除有毒有害产物的阻燃技术，并建立了评价指标体系，得到安全评价系统的安全等级及方法并进行了验证，最后还对几种常用有机保温材料的燃烧特性进行了对比分析。

本书由"国家重大基础研究计划"（项目编号：2012CB719701）资助，由李风、张泽江、刘微、葛欣国、李利君、何瑾、尹朝露（作者顺序按原课题排名列出）等完成。

由于作者学识有限，书中难免存在不足之处，恳请读者批评指正。

著　者

2022 年 10 月

目 录

绪 论 ·· 1

第一章 阻燃硬质聚氨酯（烃类发泡）保温泡沫的制备与性能分析 ············· 3

  1.1 阻燃硬质聚氨酯（烃类发泡）保温泡沫的制备 ························· 3

  1.2 硬质聚氨酯保温泡沫的热稳定性研究 ·································· 5

  1.3 阻燃硬质聚氨酯泡沫热解产物的红外分析 ····························· 9

  1.4 阻燃硬质聚氨酯泡沫的热释放性能研究 ······························ 16

  本章参考文献 ··· 24

第二章 无卤阻燃全水发泡聚氨酯硬质泡沫的结构与性能研究 ················ 25

  2.1 无卤阻燃全水发泡聚氨酯硬质泡沫的制备 ···························· 26

  2.2 无卤阻燃全水发泡聚氨酯硬质泡沫的性能分析 ······················· 27

  2.3 小 结 ··· 32

  本章参考文献 ··· 32

第三章 阻燃硬泡聚氨酯（复合发泡）的阻燃机理与燃烧产物分析 ············· 34

  3.1 硬泡聚氨酯、阻燃硬泡聚氨酯的合成 ································· 34

  3.2 DMMP-PUF 阻燃机理及燃烧产物研究 ································ 36

  3.3 DMMP/TDCP-PUF 阻燃机理及燃烧产物研究 ························ 47

  3.4 DMMP/TCPP-PUF 阻燃机理及燃烧产物研究 ························ 57

  3.5 DMMP/TCEP-PUF 阻燃机理及燃烧产物研究 ························ 67

  3.6 聚氨酯硬泡热释放性能分析 ·· 77

  3.7 小 结 ··· 79

  本章参考文献 ··· 80

第四章 基于层次分析法的建筑外墙阻燃聚氨酯保温材料火灾风险评估 ····· 83
    4.1 阻燃聚氨酯保温材料 ·· 84
    4.2 层次分析法计算过程 ·· 85
    4.3 建筑外墙保温材料火灾危险性评估模型的建立 ························ 86
    4.4 建筑外墙保温材料火灾危险性评估 ····································· 91
    4.5 小   结 ··· 92
    本章参考文献 ··· 92

第五章 几种常用有机保温材料的燃烧特性比较 ····························· 95

第六章 结   论 ·· 99

绪 论

随着我国经济社会的高速发展，城镇化建设的持续推进，建筑面积不断增长，建筑物的节能环保和消防安全越来越受到关注和重视。能源短缺是制约全球可持续发展的重要因素，节能减排一直是全球各国共同努力推进的重要工作，2020年9月中国明确提出力争2030年前二氧化碳排放达到峰值，努力争取2060年前实现碳中和目标。我国建筑运行能耗已经达到全社会总能耗的20%，且在逐步增加，因此，建筑节能是我国推进节能减排工作的重要组成部分。建筑节能既有利于减少温室气体排放、减轻大气污染，也有利于促进建筑业的绿色低碳可持续发展、改善人民生活和工作环境，是宜居城市更新和城市建设的内在要求，也是我国实现"碳达峰、碳中和"目标的重要举措。在建筑节能中，建筑外围护结构的保温隔热是降低建筑能耗至关重要的环节，建筑外墙保温技术是实现建筑节能减排的最主要技术措施之一，能够有效降低建筑运行能耗，因此，建筑外墙保温技术在我国得到了广泛的推广和应用。然而，近年来，由建筑外墙保温材料燃烧引起的火灾事故在国内外都时有发生，特别是2010年上海市静安区教师公寓火灾、2017年英国伦敦"Grenfell Tower"火灾、2022年长沙市中国电信大楼火灾等多起火灾事故造成了重大的人员伤亡和财产损失，引起了社会各界对建筑外墙保温材料防火安全性能的广泛关注。

常用的建筑外墙保温材料主要有3种：（1）无机保温材料，主要是矿物棉、膨胀玻化微珠保温浆料等；（2）有机无机复合保温材料，如胶粉聚苯颗粒保温材料等；（3）有机保温材料，以聚氨酯泡沫和聚苯乙烯泡沫为主。聚氨酯泡沫材料作为高效保温材料，其实已经进入千家万户，多年来，所有电冰箱都采用聚氨酯泡沫作保温材料，其高效保温绝热效果是经过验证和有目共睹的，并且已经广泛用于冷库、冰箱、航空、石油、汽车等行业。进入21世纪以来，由于导热率低，保温绝热性能优异，且密度和硬度可调节、加工成型方便、施工工艺简单、价格便宜等优点，聚氨酯泡沫在国内外被广泛应用于建筑外墙保温材料。但是，以聚氨酯泡沫和聚苯乙烯泡沫为代表的有机建筑外墙保温材料都属于可燃材料，且燃烧过程会产生有毒烟气，因此，有机建筑外墙保温材料的火灾特性研究、阻燃技术研究、安全设计研究等变得极为重要和迫切。

本书将在聚氨酯外墙保温材料热解和燃烧过程产物分析、有毒有害气体生成机制，无卤阻燃聚氨酯外墙保温材料成炭能力及烟气成分，抑制保温材料降解、促进成炭及消除有毒有害产物的阻燃技术，聚氨酯外墙保温材料安全评价方法以及常用有机保温材料的燃烧特性对比分析等方面开展系统的阐述。

第一章
阻燃硬质聚氨酯（烃类发泡）保温泡沫的制备与性能分析

聚氨酯泡沫的阻燃方式主要有反应型阻燃和添加型阻燃。前者是将阻燃元素磷或卤通过化学反应导入多元醇中使材料具有阻燃性，如国产Ⅱ型阻燃聚醚、601聚醚等。磷在聚氨酯泡沫材料中含量在1.5%~2%即可满足一般阻燃要求[1,2]。含卤多元醇中，氯桥酸为基础的反应产物的聚酯多元醇和含卤聚醚多元醇是比较重要的两种。将磷和卤导入异氰酸酯同样可以起到阻燃作用。在燃烧过程中，卤素与磷形成的PX_3和PX_5以及HX和水气等不燃性气体可降低燃烧区域的可燃气体和氧气的浓度，从而抑制燃烧。而且阻燃剂分解产生的卤自由基可捕捉（消除）高聚物燃烧的火焰反应（自由基连锁反应）产生的HO自由基，使其浓度减小，抑制连锁反应，使燃烧速度减慢[3,4]。另外，在阻燃剂的作用下，有时高聚物的热分解模式会发生改变，使分解出的可燃气体减少，从而达到阻燃目的。添加型阻燃就是添加阻燃剂，添加方式有两种：一种是化学方法，包括合成新型耐热塑料、共聚法、接枝法和交联法；另一种是物理方法，包括添加阻燃剂、与阻燃聚合物共混、无机填料稀释法和防火材料覆盖法。本实验通过对添加不同阻燃剂的聚氨酯外保温材料在多因素耦合因素影响下，揭示聚氨酯热解机理，以及各类阻燃剂对有毒气体释放的影响及变化规律。

1.1 阻燃硬质聚氨酯（烃类发泡）保温泡沫的制备

1.1.1 主要原料

聚醚多元醇，分子量 1 000 mg/g；4，4-二苯基甲烷二异氰酸酯（MDI），工业级，沧州大化公司；多亚甲基多苯基异氰酸酯（PAPI），工业级，烟台万华聚氨酯股份有限公司；正戊烷，工业级，天津市西青科隆试剂厂；甲基硅油，工业级，天津市华真特种化学试剂厂。其中：阻燃剂三聚氰胺聚磷酸盐（MPOP）、三聚氰胺焦磷酸盐（MP）、三聚氰胺氰尿酸（MC）、聚磷酸铵（APP）为自行合成；氢氧化镁为辽宁世嘉菱镁科技有限公司生产、三氧化二锑为益阳市生力化工厂生产；珍珠岩为聚源保温材料厂生产。

1.1.2 主要设备

采用 FTT 公司高温氧指数测定仪测定氧指数；美国尼高力公司 Nicolet750 型傅里叶红外光谱仪测试红外光谱；使用 FTT 微型量热仪测试产品总热量释放，测试条件为升温 1 ℃/s，空气气氛；耐弛公司 TGS-2 型热重分析仪、DTA1700 型差热分析仪、DSC-2C 差示扫描计分析产品热稳定性，测试在 N_2 气氛、升温速率 10 ℃/min 环境中进行。

1.1.3 试样制备

试验配方如表 1-1 所示，按参考配方称取一定量的聚醚多元醇及异氰酸酯，控制好料温及模具温度，采用一步法发泡工艺，依次将聚醚多元醇、阻燃剂、泡沫稳定剂、催化剂和发泡剂加入反应杯中（表 1-2、表 1-3）。在高速电动搅拌下使其充分混合均匀，然后在搅拌状态下，快速将异氰酸醋加入，继续搅拌直到混合液颜色即将发白时将其倒入模具中发泡，待泡沫完全熟化后（24 h，室温）测定。

表 1-1 试验配方

原　料	用量/份
聚醚多元醇	50
PAPI	50
正戊烷	15
甲基硅油	5
阻燃剂	适量

表 1-2　加入阻燃剂及数量

产物编号	阻燃剂	用量/份
001	空白	
002	MPOP	适量
003	MP	适量
004	MC	适量
005	氢氧化镁	适量
006	三氧化二锑	适量
007	APP	适量
012	MPOP	2倍适量
013	APP	2倍适量
014	氢氧化镁	2倍适量
015	MC	2倍适量
017	三氧化二锑	2倍适量
018	MP	2倍适量

表 1-3　珍珠岩对阻燃性能影响

产物编号	阻燃剂	用量/份
019	APP	适量
019	珍珠岩	5
020	APP	适量
020	珍珠岩	10

1.2　硬质聚氨酯保温泡沫的热稳定性研究[5]

1.2.1　纯聚氨酯的热失重

从图 1-1 阻燃聚氨酯的 TG 谱图可知：在氮气中，其起始失质量温度约为 256 ℃，存在两个主要失质量阶段。第 1 个阶段温度范围为 256～351 ℃，第 2

个阶段温度范围为 351~412 ℃。这是由于聚合物主链上氨基甲酸酯基团于 C—O 键处断裂，分解生成异氰酸酯和多元醇，然后进一步分解为胺类、烯烃和 CO_2。同时在热分解过程中一部分二异氰酸酯产物反应形成二酰亚胺，实际上在 351 ℃ 时分解基本完成，当温度继续升高时，二酰亚胺又重新分解生成异氰酸酯。在氧气中也存在两个主要的失质量阶段，以升温速率 10 ℃/min 为例，其起始失质量温度约为 252 ℃，第 1 个阶段温度范围为 252~330 ℃，第 2 个阶段为 330~554 ℃。

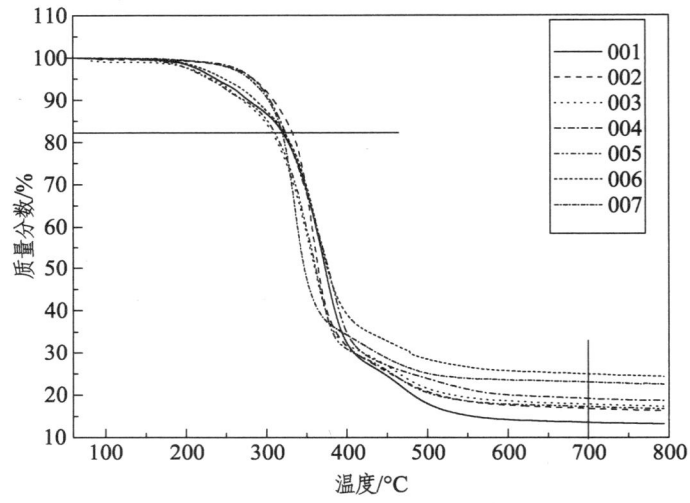

图 1-1 阻燃聚氨酯的 TG 谱图（15 g）

加入阻燃剂 MP、$Mg(OH)_2$ 后，聚氨酯的初始分解温度为 230 ℃，与纯聚氨酯相比均有一定程度降低，这主要是由于阻燃剂与聚氨酯的成分低温有分解，阻燃剂与聚氨酯组分间还没有产生作用；230~430 ℃ 间，各阻燃组分发生作用，加入 APP 阻燃后的产物的分解残余量相对其他有机阻燃剂更多，促进成碳效果明显。F 样品因为加入的三氧化二锑不分解，对材料阻燃性能影响不大，只是增加了残余量。

从图中可以看出复合材料的热分解温度变化及固定温度下不同配比复合材料的热失重情况。复合材料中，添加 MP、$Mg(OH)_2$ 的热分解温度低于纯树脂基体的热分解温度，其余都比原纯树脂高。添加三氧化二锑的 PUF 热分解温度仅略高于纯树脂，添加 MPOP 的复合材料热分解温度最高，添加 MC 的次之，添加 $Mg(OH)_2$ 的热分解温度最低。失重 18% 时，添加 MP 的材料的分解温度为 307 ℃，添加 APP 的热分解温度为 311 ℃，添加 MPOP 的热分解温度为 332 ℃，其余阻燃剂添加后的热分解温度为 320 ℃。当温度达到 700 ℃ 时，纯树脂的残余量仅为 13.5%，添加三氧化二锑的 PUF 残余量为 24.6%，相比较最高。其他依次：APP 为 22.9%，MC 为 19.3%，MP 为 18.1%，Mg(OH)$_2$ 为 17.4%，MPOP 为 16.9%。由此说明：无机氢氧化物不利于 PUF 耐热性的提高，这是由于含有一定量低温可分解 OH$^-$ 所致；添加 APP 的 PUF 从分解温度与残存量综合考虑，是最优的阻燃剂。

1.2.2 阻燃聚氨酯的热失重

从图 1-2 阻燃聚氨酯的 TG 谱图可知：加大阻燃剂加入量后，所有复合材料的热分解温度均高于纯树脂基本的分解温度。失重 18% 时，纯树脂基体的分解温度为 308 ℃，相应增加的是：Mg(OH)$_2$ 为 310 ℃，MP 与 APP 均为 321 ℃，MC 为 310 ℃，MPOP 为 336 ℃，三氧化二锑为 341 ℃。

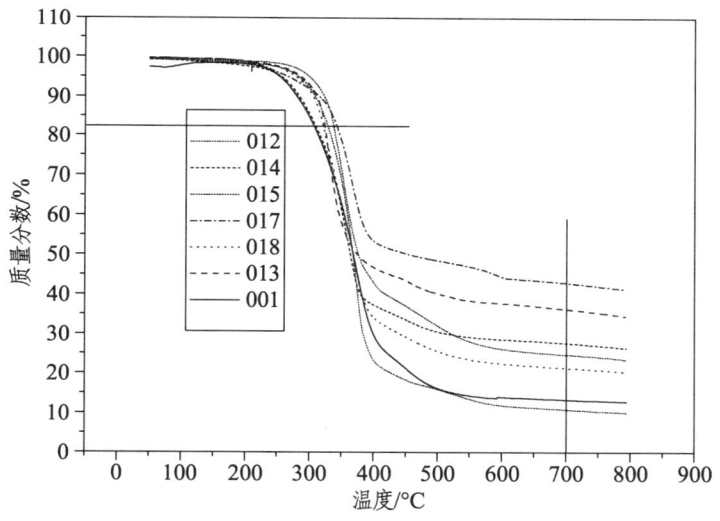

图 1-2　阻燃聚氨酯的 TG 谱图（50 g）

当温度达到 700 ℃ 时，纯树脂的残余量仅为 13.5%，添加三氧化二锑的 PUF 残余量为 42.7%，相比较最高。其他依次：APP 为 35.9%，Mg(OH)$_2$ 为 27.9%，MPOP 为 24.2%，MP 为 21.3%，MC 为 10.5%。添加 MC 后，700 ℃ 时的残余量比纯树脂还低。与添加阻燃剂量较低时的情况比较，相同阻燃剂不同量时，所起到的作用是不一样的，并不是按比例增加或降低。

经比较可得出：

（1）添加 APP 后，PUF 的耐热量随着阻燃剂加入量的增加而增加。

（2）在 PUF 体系中添加 MC，在低加入量时，阻燃作用较明显，可显著提高热分解残余率；但加入量较多时，却反而使热分解残余率低于纯树脂，表现为 MC 本身的分解炭化，并没有起到阻燃协同作用。

（3）从以上阻燃剂（除 MC 外），如加入大量三氧化二锑的热分解情况看，加入大量阻燃剂后，复合材料残余率受阻燃剂本身分解后的残余率所影响。

由此说明，大量添加阻燃剂的 PUF 的热分解情况受阻燃剂本身热分解规律影响，阻燃剂与基体材料互动作用较弱。

1.2.3 聚氨酯与珍珠岩复合材料的热失重

从图 1-3 可知：加入 APP 与珍珠岩混合阻燃剂后，聚氨酯的初始分解温度明显增加，这主要是由于阻燃剂对聚氨酯分解的阻滞作用；失重 10% 时，纯树脂基体的分解温度为 279 ℃，而加入不同量混合阻燃剂的 PUF 的分解温度有所上升。19 号样为 314 ℃，20 号样为 312 ℃。在该处表现为珍珠岩加入较多的样品所需热分解温度较高。而当温度达到 700 ℃ 时，纯树脂的残余量仅为 13.5%，添加少量珍珠岩的 PUF 残余量为 25.8%，而添加较多珍珠岩的 PUF 却残余量要低一些，为 21.9%。由此说明：少量的珍珠岩具有阻滞 PUF 分解的作用；而大量珍珠岩在混合阻燃剂中起到了促使 PUF 炭化分解的反作用。

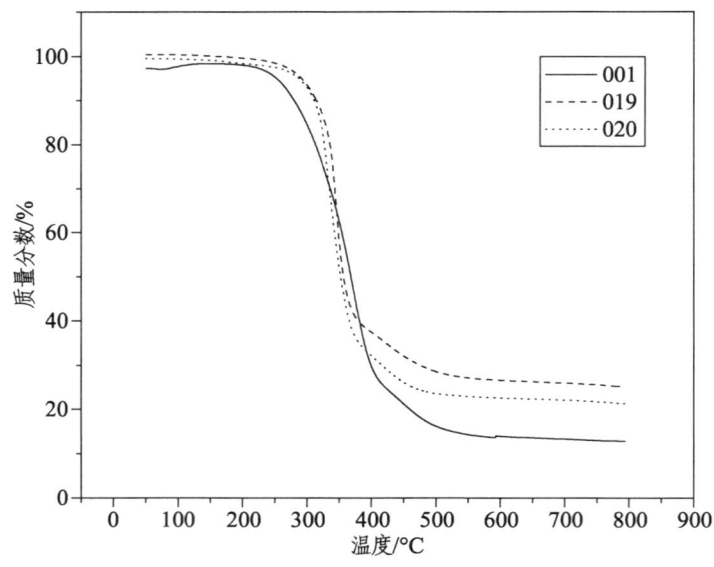

图 1-3　珍珠岩对聚氨酯的阻燃性能影响

1.2.4 小　结

经过以上研究,可得出如下结论:

(1) 复合材料中,添加 MP、$Mg(OH)_2$ 的热分解温度低于纯树脂基体的热分解温度,其余都比原纯树脂高。

(2) 添加三氧化二锑的 PUF 热分解温度仅略高于纯树脂,添加 MPOP 的复合材料热分解温度最高,添加 MC 的次之,添加 $Mg(OH)_2$ 的热分解温度最低。

(3) 无机氢氧化物不利于 PUF 耐热性的提高,这是由于含有一定量低温可分解 OH^- 所致;添加 APP 的 PUF 从分解温度与残存量综合考虑,是最优的阻燃剂。

(4) 加大阻燃剂加入量达 40% 后,所有复合材料的热分解温度均高于纯树脂基本的分解温度;且大量添加阻燃剂的 PUF 的热分解情况受阻燃剂本身热分解规律影响,阻燃剂与基体材料互动作用较弱。

(5) 少量的珍珠岩具有阻滞 PUF 分解的作用;而大量珍珠岩在混合阻燃剂中起到了促使 PUF 炭化分解的反作用。

1.3　阻燃硬质聚氨酯泡沫热解产物的红外分析

1.3.1　纯 PUF 热解红外谱图

从图 1-4 可知:热解温度达 400 ℃ 时,在 3 288 cm^{-1} 处为 —NH、—OH 强的伸缩振动吸收峰,说明生成了大量的氨酯键或水分,说明有氨基甲酸酯与水的生成;在 2 970～2 850 cm^{-1} 处出现了强的甲基与亚甲基的不对称伸缩振动、对称伸缩振动吸收峰,可推知生成了小分子胺类、烯烃和 CO_2,证明材料已裂解炭化,生成小分子的产物;同时在 1 724 cm^{-1} 处则出现了 C=O 的伸缩振动吸收峰,同时在 1 532 cm^{-1} 出现的吸收峰为 —CO—NH— 的变形振动吸收峰,释放出氰氢酯,也证实了反应的发生。随着热解温度的升高,在 2 270 cm^{-1} 附近出现的峰强度变弱的游离 —NCO 的特征吸收峰,说明分解生成的氰化氢已减少;至 400 ℃ 以后,释放出的游离 —NCO 的特征吸收峰强度稍提高,说明炭化样品中还有剩余聚氨酯组分未分解。

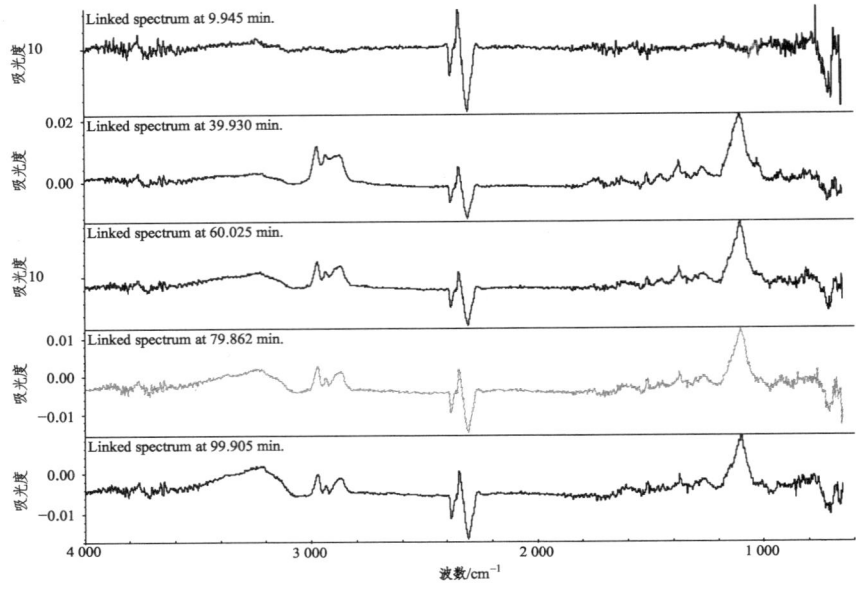

图 1-4　纯聚氨酯受热时的产物红外光谱

从图 1-4 红外光谱分析可知：这是受热 100 min 后的纯样品红外光谱图。其中 3 600~3 200 cm^{-1} 处是 N—H 和 O—H 重叠的伸缩振动吸收峰。至约 40 min（或约 400 ℃ 时），2 970~2 850 cm^{-1} 处出现了甲基与亚甲基的不对称伸缩振动、对称伸缩振动吸收峰；1 370 cm^{-1}、1 450 cm^{-1} 处分别是甲基和亚甲基的对称变形振动吸收峰；2 270~2 100 cm^{-1} 处的 N=C=O 的特征吸收峰变弱，样品已炭化生成更小分子产物。在 1 130~1 080 cm^{-1} 处出现了脂肪族聚醚 C—O—C 不对称伸缩振动吸收峰，与 1 100 cm^{-1} 处的 C—O 伸缩吸收峰重叠。以上谱带可说明分解产物中含有多元醇。

1.3.2　阻燃 PUF 热解红外谱图

从图 1-5 产品进行红外光谱分析可知：这是受热 70 min 后的各样品红外光谱图。其中 3 600~3 200 cm^{-1} 处是 N—H 和 O—H 重叠的伸缩振动吸收峰；2 970~2 850 cm^{-1} 处是甲基与亚甲基的不对称伸缩振动、对称伸缩振动吸收峰；1 370 cm^{-1}、1 450 cm^{-1} 处分别是甲基和亚甲基的对称变形振动吸收峰；纯树脂、加入三氧化二锑与 APP 的样品在该处有吸收峰，证明生成了大量异氰酸酯产物，两类分解机理不一样。

1.3 阻燃硬质聚氨酯泡沫热解产物的红外分析

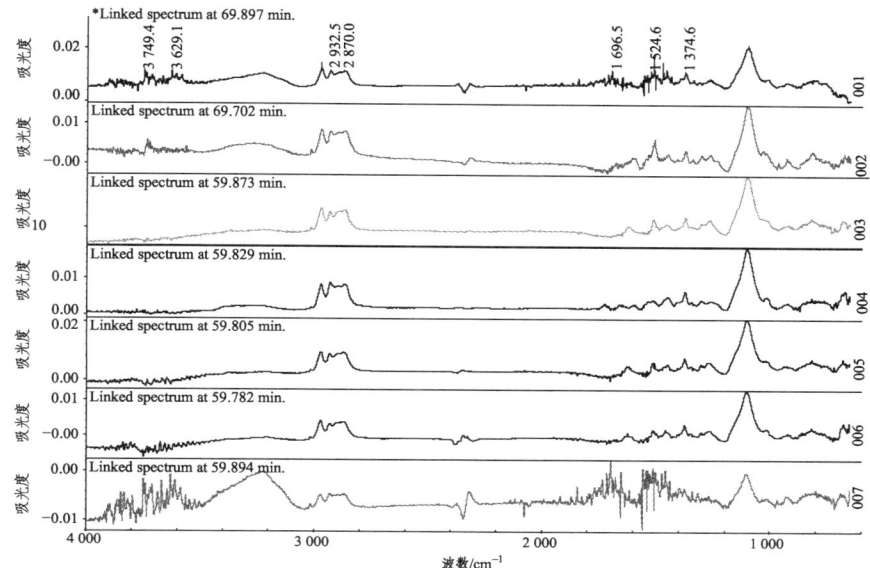

图 1-5 适量阻燃聚氨酯受热 600 ℃ 时的产物红外光谱

在 1 532 cm^{-1} 处阻燃样品均出现了吸收峰为—CO—H—的变形振动吸收峰，证实了阻燃剂并不能减少氰化氢的释放；从峰的强度还说明一些阻燃剂加入后，更催生了氰化氢的释放；而加入 MPOP、MP、MC、氢氧化镁的样品在 2 270～2 100 cm^{-1} 处是 N═C═O 的特征吸收区域没有明显出峰，说明 600 ℃ 时已没有大量异氰酸酯生成，样品已直接炭化，阻燃剂改变了原纯树脂热释放氰化氢的规律。

在 1 130～1 080 cm^{-1} 处都出现的是脂肪族聚醚 C—O—C 不对称伸缩振动吸收峰，与 1 100 cm^{-1} 处的 C—O 伸缩吸收峰重叠。以上谱带可说明产品中含有多元醇。

除纯样品外，其他阻燃样品均在 1 730 cm^{-1} 处没有出现 C═O 的伸缩振动峰，说明阻燃剂致聚氨酯快速炭化，中间产生 C═O 中间产物少，以致 CO_2 等气体释放量减少。加入 APP 的样品在 1 730 cm^{-1} 处出峰是由于 APP 中的 P═O 的伸缩吸收峰所致。

纯样品在 1 604 cm^{-1}，1 538 cm^{-1}，1 250～1 230 cm^{-1}，1 450 cm^{-1} 吸收峰尖锐，且没有明显区分开来，说明样品在该温度下聚氨酯组分已基本被破坏，大部分已分解完成。而样品阻燃处理后的样品在 1 604 cm^{-1} 和 1 538 cm^{-1} 处是酰胺基特征峰，1 250～1 230 cm^{-1} 处是仲胺的 C—N 伸缩吸收峰，1 450 cm^{-1} 处是仲胺的 N—H 弯曲振动吸收峰，说明 600～700 ℃ 时，聚氨酯的组分还没有完全氧化。这是阻燃剂能延迟聚氨酯组分的氧化分解，以致更多成分可炭化阻燃。

1.3.3 加大阻燃剂加入量后的红外谱图

从图 1-6 可知:加大阻燃剂加入量后,磷类阻燃剂、MC、氢氧化镁后的样品在 $2270\sim2100\ cm^{-1}$ 处是 N=C=O 的特征吸收区域有出峰变弱,说明已没有异氰酸酯生成,样品已经炭化或直接炭化生成更小分子产物,发生了阻燃剂与基体材料的协同阻燃作用;而加入三氧化二锑的样品,该释放特征峰与原纯树脂基本一致,说明二者发生协同作用很弱;加入 APP、MP、MC 阻燃剂的样品均在 $1730\ cm^{-1}$ 处不出峰,其中 $1730\ cm^{-1}$ 是 C=O 的伸缩吸收峰,说明阻燃剂致聚氨酯炭化所致,中间不产生气体中间产物,直接炭化,以致 CO_2 等气体释放量减少。样品在 $1604\ cm^{-1}$,$1538\ cm^{-1}$,$1250\sim1230\ cm^{-1}$,$1450\ cm^{-1}$ 酰胺基特征峰、吸收峰尖锐,$1250\sim1230\ cm^{-1}$ 处是仲胺的 C—N 伸缩吸收峰,$1450\ cm^{-1}$ 处是仲胺的 N—H 弯曲振动吸收峰,且没有明显区分开来,说明样品在该温度下聚氨酯组分已基本被破坏,大部分已分解完成。

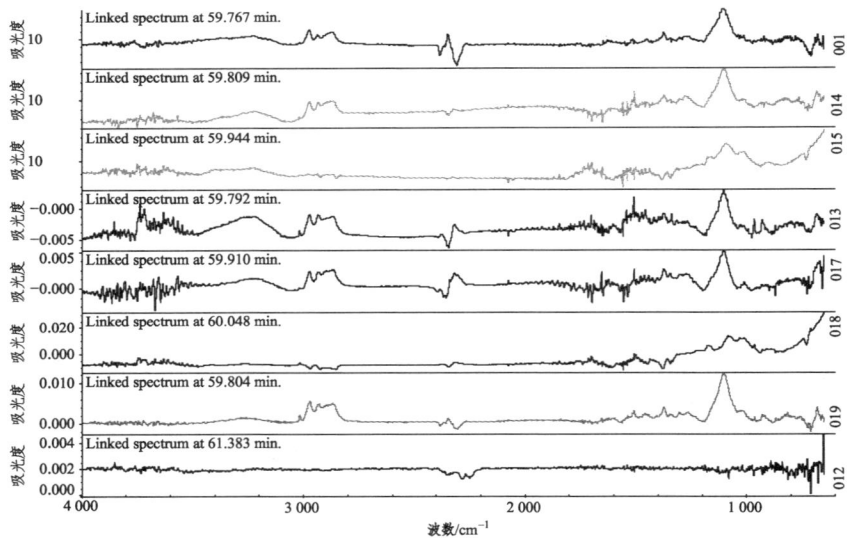

图 1-6 阻燃剂量加大时聚氨酯受热 600 ℃ 产物红外光谱

1.3.4 珍珠岩对 PUF 热解的影响

从图 1-7～1-8 可知:热解温度达 400 ℃ 时,在 $3288\ cm^{-1}$ 处为—NH、—OH 强的伸缩振动吸收峰,说明生成了大量的氨酯键或水分,有氨基甲酸酯与水生成。在 $2970\sim2850\ cm^{-1}$ 处出现了强的甲基与亚甲基的不对称伸缩振动、对称伸缩振动吸收峰,可推知生成了小分子胺类、烯烃和 CO_2,证明材料已裂解炭化，生成小分子的产物；同时在 1 724 cm^{-1} 处则为出现了 C═O 的伸缩振动吸收峰，同时在 1 532 cm^{-1} 出现的吸收峰为—CO—NH—的变形振动吸收峰，也证实了反应的发生。随着热解温度的升高，在 2 270 cm^{-1} 附近出现的峰强度变弱的游离—NCO 的特征吸收峰，说明分解生成的氰化氢已减少；至 400 ℃ 以后，释放出的游离—NCO 的特征吸收峰强度稍提高，说明炭化样品中还有剩余聚氨酯组分未分解。

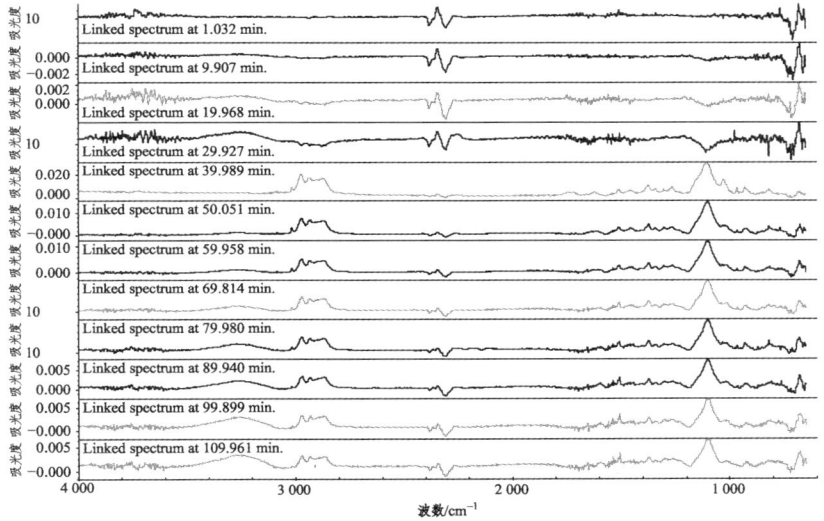

图 1-7　阻燃聚氨酯受温度影响的红外光谱（一）

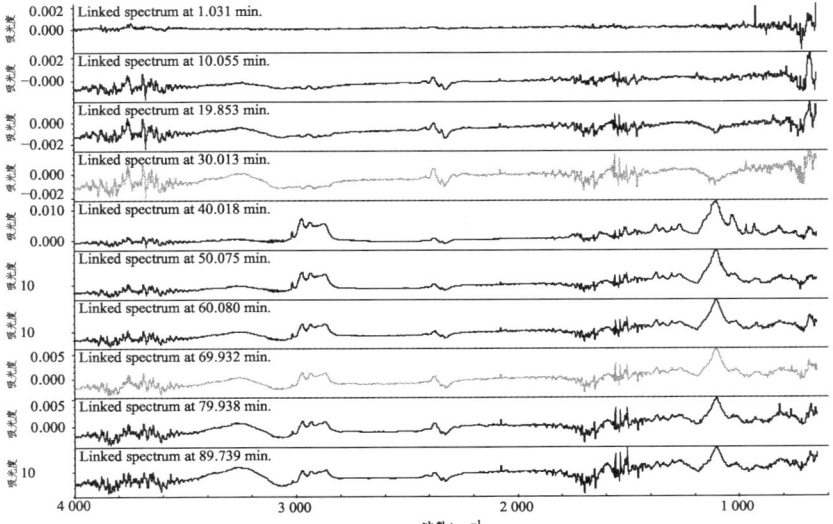

图 1-8　阻燃聚氨酯受温度影响的红外光谱（二）

从图 1-9 ~ 1-11 比较可知：加入珍珠岩后，随着热解温度的升高，在 2 270 cm^{-1} 附近出现的峰强度更弱，说明分解生成的氰化氢已减少。总的释放氰化氢的量也会减少，炭化量增加。加入珍珠岩的量对材料的性能影响不明显。

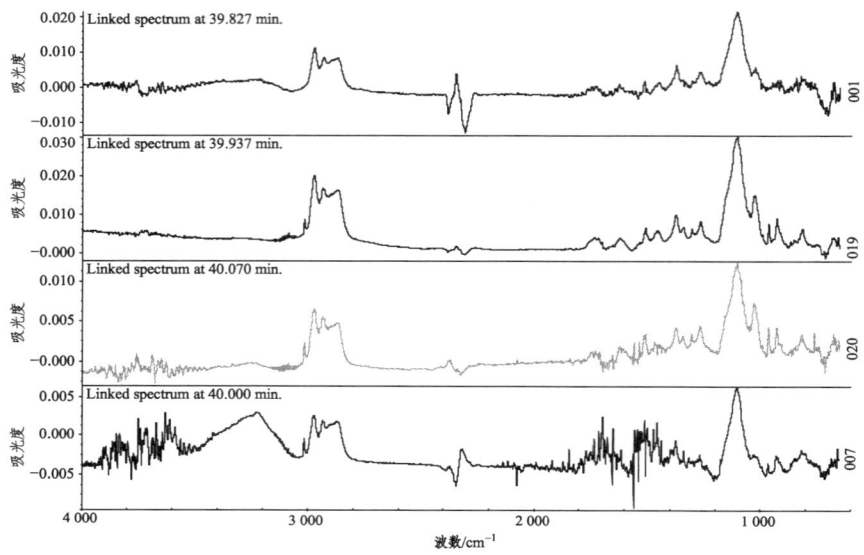

图 1-9　在 400 ℃ 时阻燃聚氨酯热解红外光谱

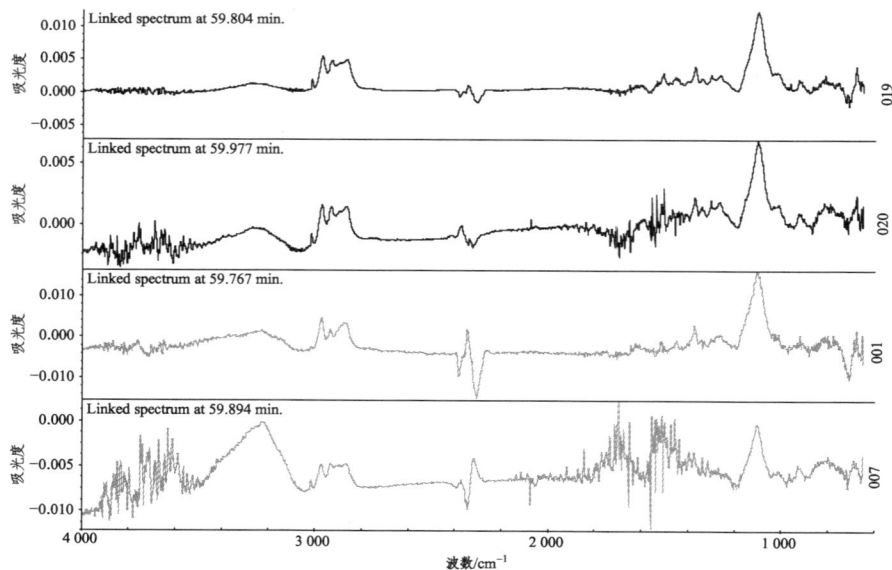

图 1-10　在 600 ℃ 时阻燃聚氨酯热解红外光谱

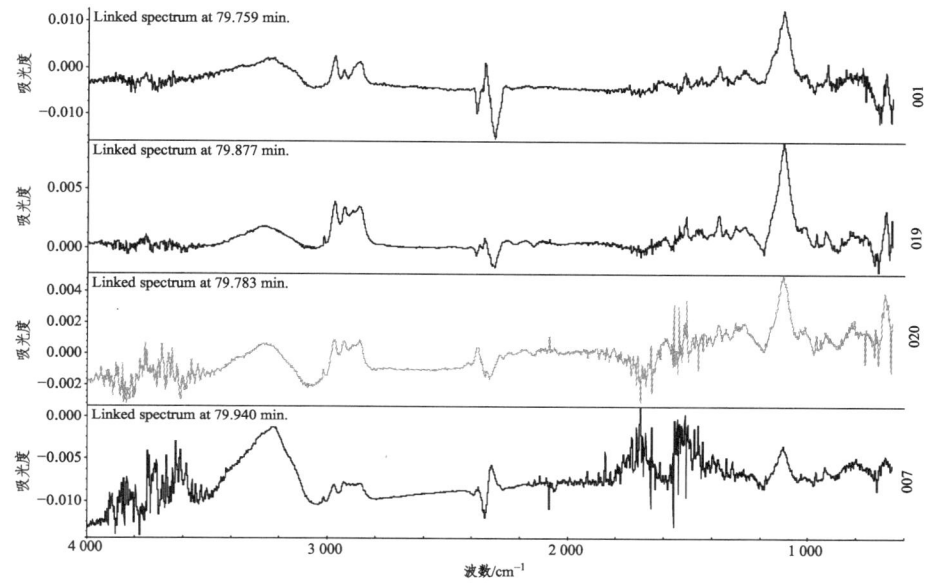

图 1-11 在 800 ℃ 时阻燃聚氨酯热解红外光谱

1.3.5 小 结

从以上分析，可得出如下结论：

（1）MPOP、MP、MC、氢氧化镁可改变聚氨酯的热释放氰化氢的规律，从 600 ℃ 的红外谱图可知，在 1 532 cm^{-1} 处阻燃聚氨酯均出现了吸收峰为 —CO—NH— 的变形振动吸收峰，也证实了此时有氰化氢的释放，从峰的强度还说明此温度下氰化氢释放量比没加入阻燃剂时更大。加大阻燃剂加入量，上述规律更明显。

（2）在 600 ℃ 时，除纯聚氨酯外，阻燃聚氨酯均在 1 730 cm^{-1} 处没有出现 C=O 的伸缩振动峰，说明阻燃剂能致聚氨酯快速炭化，中间产生 C=O 中间产物少。

（3）在 600 ℃ 时，纯样品在 1 604 cm^{-1}，1 538 cm^{-1}，1 250~1 230 cm^{-1}，1 450 cm^{-1} 吸收峰尖锐且没有明显区分开来，而阻燃处理后的样品在上述波段均出现了特征吸收峰，说明 600~700 ℃ 时，聚氨酯的组分还没有完全氧化。这是阻燃剂能延迟聚氨酯组分的氧化分解，以致更多成分可炭化阻燃。

（4）加入珍珠岩后，随着热解温度的升高，在 2 270 cm^{-1} 附近出现的峰强度更弱，说明分解生成的氰化氢已减少。总的释放氰化氢的量也会减少，炭化量增加。加入珍珠岩的量对材料的性能影响不明显。

1.4 阻燃硬质聚氨酯泡沫的热释放性能研究

1.4.1 三氧化二锑阻燃剂

ATH 和 APP 阻燃剂阻燃 PUF 的热释放数据如表 1-4 所示，热释放速率曲线如图 1-12 ~ 1-13 所示。如果材料的点燃时间较长，热释放速率峰值降低，总释放热减小，那么材料在燃烧时最大能量释放值减小，阻燃性能越好。从表可以看出，阻燃 PUF 中 ATH 的添加量对 PUF 的燃烧性能参数影响比较大。从表 1-4 中可知：ATH 阻燃体系中，当只加入少量 ATH 时，热释放峰值温度明显降低，热释放速率明显增加，其燃烧总释放热微增加，没有起到阻燃作用，相反起到了促进分解（类催化剂）的作用。但当只加入 ATH 量稍多时，热释放速率稍降低，其燃烧总释放热明显减少，但热释放峰值温度降低，起到了一定阻燃作用。由于使热释放峰值温度降低，从一定程度上又增大了火灾危险性。所以 Sb_2O_3 并不是一种优良 PUF 的阻燃剂。

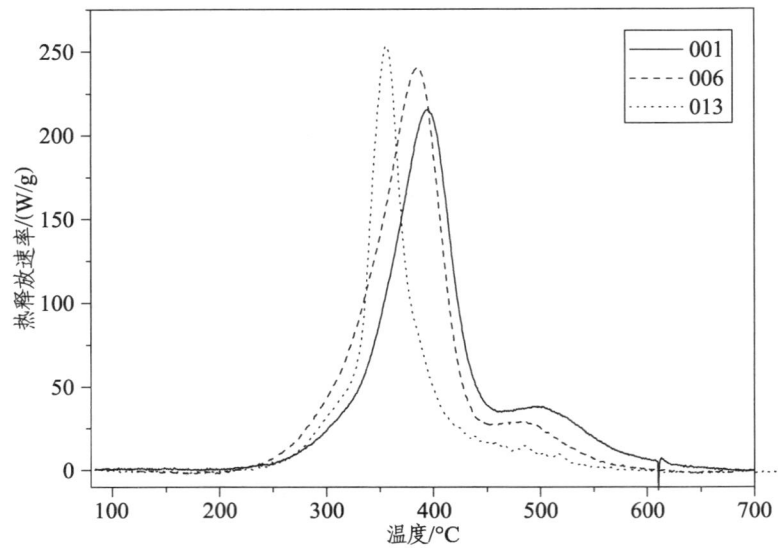

图 1-12　三氧化二锑与 APP 阻燃 PUF 的热释放曲线对比

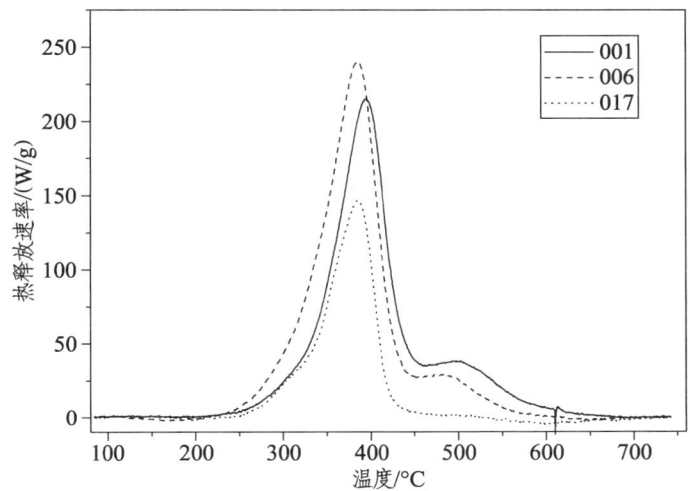

图 1-13　不同量三氧化二锑阻燃 PUF 的热释放曲线对比

表 1-4　三氧化二锑与 APP 阻燃 PUF 热释放性能表

产物编号	阻燃剂	阻燃剂用量/份	总释放热/(kJ/g)	总热容/[J/(g·K)]	最高热释放速率/(W/g)	热释放峰值温度/°C	着火温度/°C
021	空白		23.2	248	217.8	371.5	163.3
006	三氧化二锑	15	19.5	264	233.2	369.9	181.8
013	APP	50	14.6	244	253.9	356.0	192.7
017	三氧化二锑	50	9.6	237	143.0	352.7	103.6

1.4.2　磷系阻燃剂阻燃 PUF

从图 1-14～1-18 可得出表 1-5 中不同量磷系阻燃剂对 PUF 的阻燃热释放参数。分析可知：① 加入磷系阻燃剂对材料的热释放速率有较大影响，总的来说，磷系阻燃剂都能使 PUF 的热释放量减少。② 随着阻燃剂加入量的增大，复合材料的热释放量显著减少。③ MPOP 能快速降低材料的热释放，效果最好。④ 少量的 MP 使材料热释放总量有少量增加，但是它明显降低了材料的最高热释放速率，使其热释放变缓。⑤ 磷系阻燃剂都能使 PUF 的热释放峰值温度降低，减缓热解的发生。⑥ 从热释放速率降低程度、总释放热降低量及燃烧生烟量并不增加这三方面综合考虑阻燃剂的性能，MPOP 是比较优良的阻燃剂，并且还可以发现，经 MPOP 阻燃的 PU 燃烧过程发生明显膨胀现象，并有一定量的滴落。APP 使 PUF 燃烧总释放热明显减少，着火温度明显提高，起始分解温度稍降低，热释放速率基本相当，热释放峰值温度稍降低，起到了明显的阻燃作用。

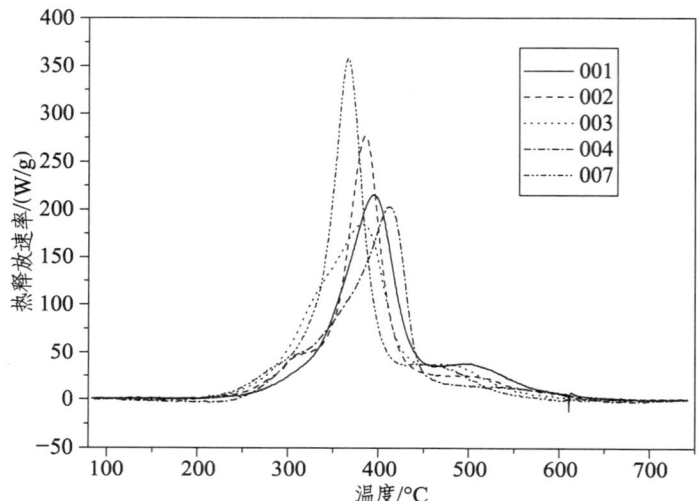

图 1-14　磷系阻燃剂阻燃 PUF 的热释放曲线对比

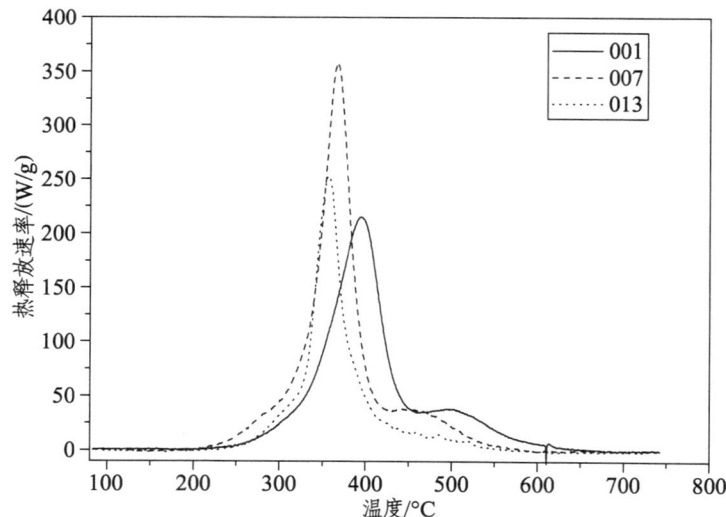

图 1-15　不同量 APP 阻燃剂阻燃 PUF 的热释放曲线对比

1.4 阻燃硬质聚氨酯泡沫的热释放性能研究

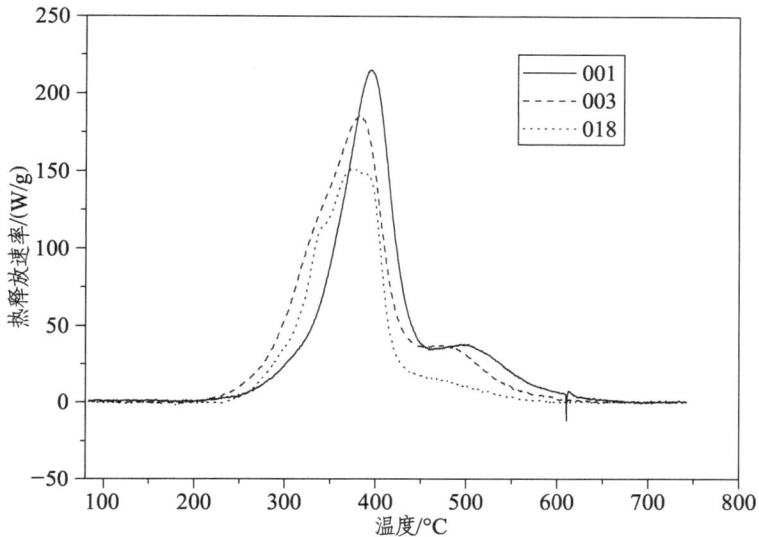

图 1-16 不同量 MP 阻燃剂阻燃 PUF 的热释放曲线对比

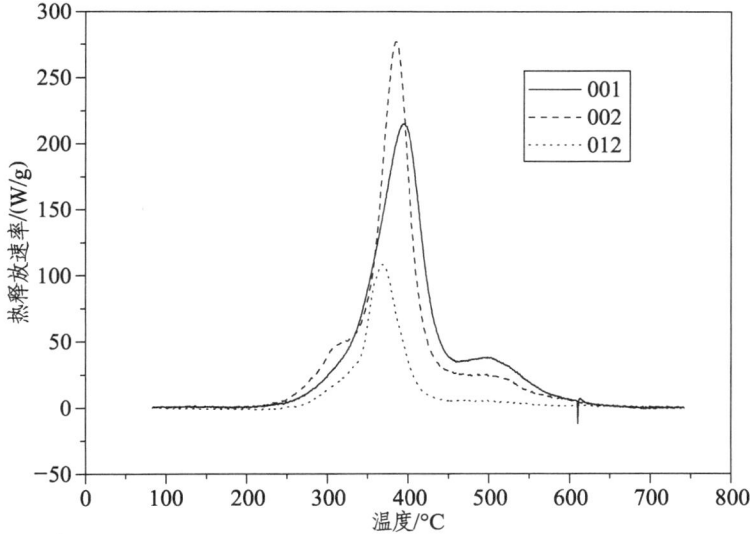

图 1-17 不同量 MPOP 阻燃剂阻燃 PUF 的热释放曲线对比

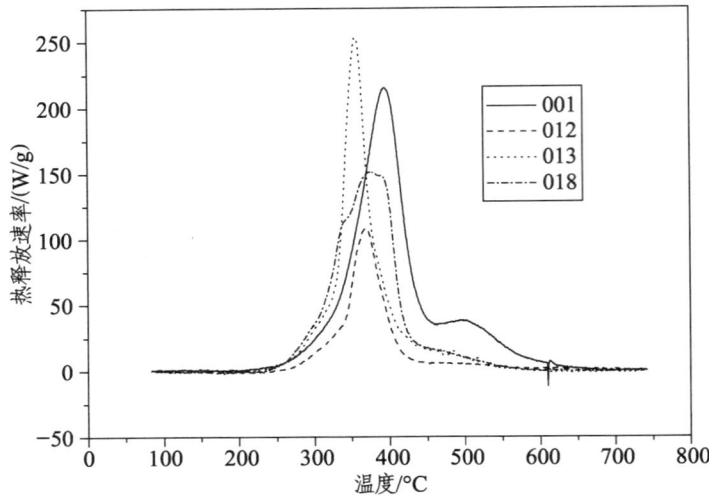

图 1-18 磷系阻燃剂加入量加大后阻燃 PUF 的热释放曲线对比

表 1-5 不同磷氮阻燃剂对 PUF 的影响（$r = 1$ ℃/s）

产物编号	阻燃剂	用量/份	总释放热/(kJ/g)	总热容/[J/(g·K)]	最高热释放速率/(W/g)	热释放峰值温度/℃	着火温度/℃
021	空白		23.2	248	217.8	371.5	163.3
002	MPOP	15	15.3	256	263.3	384.3	200.7
003	MP	15	21.0	180	148.5	381.0	137.5
007	APP	15	16.9	321	336.1	365.5	172.0
012	MPOP	50	7.0	106	108.7	369.8	81.2
018	MP	50	15.0	149	115.4	370.0	114.7
013	APP	50	14.6	244	253.9	356.0	192.7

1.4.3 氮系阻燃剂阻燃 PUF

从图 1-19 可得出表 1-6 不同量氮系阻燃剂对 PUF 的阻燃热释放参数，分析可知：① 氮系阻燃剂能使 PUF 的热释放量减少。② 氮系阻燃剂能降低材料的最高热释放速率，使其热释放变缓。加入阻燃剂量越多，最高热释放速率进一步降低。③ 随着阻燃剂加入量的增大，复合材料的热释放量小量减少。④ 氮系阻燃剂却能使 PUF 的热释放峰值温度升高，促使热解瞬间发生。总的说来，氮系阻燃剂能降低材料的最高热释放速率，使其热释放变缓。加入阻燃剂量越多，最高热释放速率进一步降低，复合材料的热释放量小量减少。

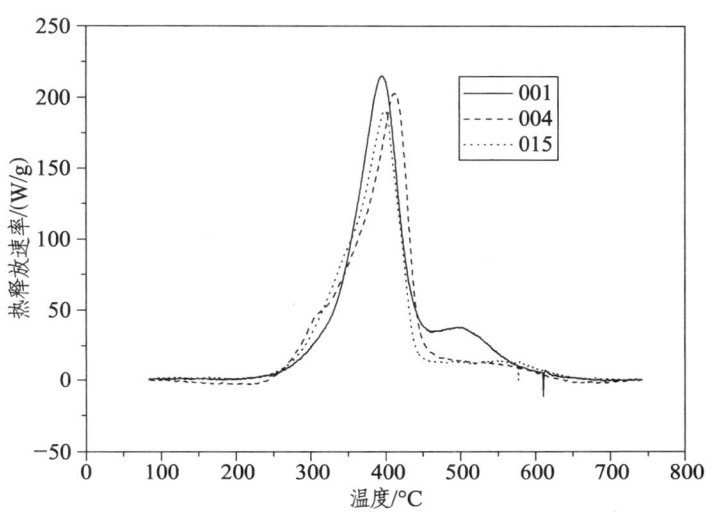

图 1-19　MC 阻燃 PUF 的热释放曲线对比

表 1-6　MC 阻燃 PUF 热释放性能表

产物编号	阻燃剂	用量/份	总释放热/(kJ/g)	总热容/[J/(g·K)]	最高热释放速率/(W/g)	热释放峰值温度/℃	着火温度/℃
021	空白		23.2	248	217.8	371.5	163.3
004	MC	15	16.7	278	196.7	399.0	149.9
015	MC	50	15.5	204	186.3	411.0	144.3

1.4.4　氢氧化镁阻燃剂阻燃 PUF

从图 1-20 可得出表 1-7 不同量氢氧化镁对 PUF 的阻燃热释放参数，分析可知：① 氢氧化镁阻燃剂的加入，对材料的热释放量影响很小。② 氢氧化镁阻燃剂能降低材料的最高热释放速率，使其热释放变缓。加入阻燃剂量越多，最高热释放速率进一步降低。但是由于氢氧化镁自身的热解，容易引发热裂解放热，产生热释放瞬间发生。③ 随着阻燃剂加入量的增大，复合材料的热释放量小量减少。④ 氢氧化镁阻燃剂能使 PUF 的热释放峰值温度稍微降低。⑤ 与三氧化二锑相比，氢氧化镁阻燃剂能有效降低材料热释放速率。总的来说：少量的氢氧化镁阻燃剂却能使 PUF 的热释放总量增加；大量加入时，能有限地降低其热释放量。

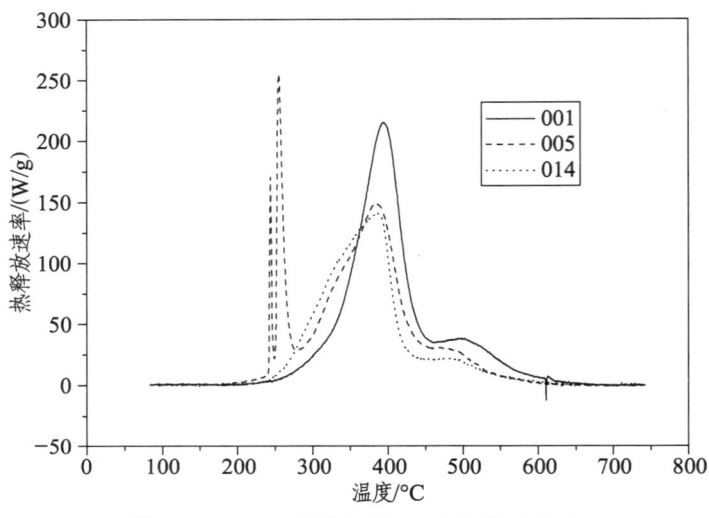

图 1-20　氢氧化镁阻燃 PUF 热释放性能

表 1-7　氢氧化镁阻燃剂阻燃 PUF 热释放性能表

产物编号	阻燃剂	用量/份	总释放热/(kJ/g)	总热容/[J/(g·K)]	最高热释放速率/(W/g)	热释放峰值温度/°C	着火温度/°C
021	空白		23.2	248	217.8	371.5	163.3
005	氢氧化镁	15	19.9	249	148.0	385.0	191.3
014	氢氧化镁	50	16.4	179	140.0	387.0	192.6

1.4.5　轻质填料阻燃 PUF

从图 1-21 可得出表 1-8 不同量珍珠岩阻燃剂对 PUF 的阻燃热释放参数，分析可知：① 珍珠岩阻燃剂的加入，对材料的热释放量影响较大。② 少量珍珠岩阻燃剂却能提高材料的最高热释放速率；加入阻燃剂量更多时，最高热释放速率才有效降低，但仍高于原纯基体。③ 珍珠岩阻燃剂对 PUF 的热释放峰值温度影响小。总的来说：少量的珍珠岩阻燃剂能使 PUF 的热释放下降；大量加入时，能进一步降低其热释放量。

1.4 阻燃硬质聚氨酯泡沫的热释放性能研究

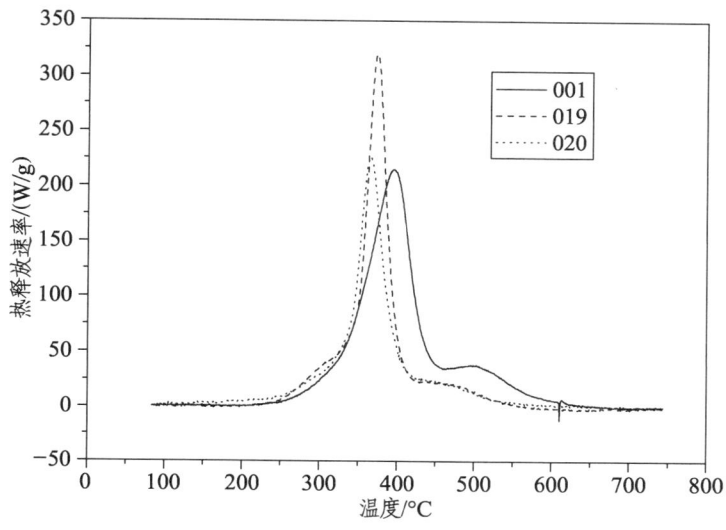

图 1-21 珍珠岩阻燃 PUF 热释放性能

表 1-8 轻质填料阻燃 PUF 热释放性能表

产物编号	阻燃剂	用量/份	总释放热/(kJ/g)	总热容/[J/(g·K)]	最高热释放速率/(W/g)	热释放峰值温度/°C	着火温度/°C
021	空白		23.2	248	217.8	371.5	163.30
019	APP	15	16.3	280	320.3	372.4	240.95
	珍珠岩	5					
020	APP	15	14.3	213	225.1	365.1	162.98
	珍珠岩	10					

1.4.6 小　结

从以上分析，可得出如下结论：

（1）阻燃 PUF 中 ATH 的添加量对 PUF 的燃烧性能参数影响比较大。ATH 阻燃体系中，当只加入少量 ATH 时，热释放峰值温度明显降低，热释放速率明显增加，其燃烧总释放热微增加，没有起到阻燃作用，相反起到了促进分解（类催化剂）的作用。但当只加入 ATH 量稍多时，热释放速率稍降低，其燃烧总释放热明显减少，但热释放峰值温度降低，起到了一定阻燃作用。由于使热释放峰值温度降低，从一定程度上又增大了火灾危险性，所以 Sb_2O_3 并不是 PUF 的优良阻燃剂。

(2) APP 使 PUF 燃烧总释放热明显减少，着火温度明显提高，起始分解温度稍降低，热释放速率基本相当，热释放峰值温度稍降低，起到了明显的阻燃作用。MPOP 是比较优良的阻燃剂，并且还可以发现，经 MPOP 阻燃的 PUF 燃烧过程发生明显膨胀现象，并有一定量的滴落。

(3) 氮系阻燃剂能降低材料的最高热释放速率，使其热释放变缓。加入阻燃剂量越多，最高热释放速率进一步降低，复合材料的热释放量小量减少。

(4) 少量的氢氧化镁阻燃剂却能使 PUF 的热释放总量增加；大量加入时，能有限地降低其热释放量。

(5) 少量的珍珠岩阻燃剂能使 PUF 的热释放下降；大量加入时，能进一步降低其热释放量。

(6) 相比较磷系阻燃剂阻燃 PUF 最好，MPOP、MP、APP 都能够使 PUF 热释放速率降低 80% 以上。含磷或氮类阻燃剂阻燃 PUF 效果均好于氢氧化镁与三氧化二锑加入体系。三氧化二锑加入体系中量较大时，发生阻燃效果明显。APP 和珍珠岩复配体系相对于 APP 阻燃 PUF 效果并不明显。

本章参考文献

[1] 刘新民，张维丛，许春霞，等. 复合板用聚氨酯硬泡的研制[J]. 现代塑料加工应用，2004，16 (1)：3-7.

[2] PRICE D, YAN L, HULL T R. Burning Behavior of Foam/ Cotton Fabric Combinations in the Cone Calorimeter[J]. Polymer Degradation and Stability, 2002, 77: 213-220.

[3] 杨宗焜. 聚氨酯泡沫阻燃的应用研究[J]. 建筑科学，2008，24 (2)：116-122.

[4] 孟现燕，唐建华，叶玲，等. 聚氨酯泡沫塑料阻燃研究现状[J]. 化学工程与装备，2008 (5)：63-67.

[5] 张泽江，王新钢，李凤，等. 阻燃剂对硬质聚氨酯保温泡沫热稳定性的影响[J]. 塑料，2013，42 (5)：59-61.

第二章
无卤阻燃全水发泡聚氨酯硬质泡沫的结构与性能研究[1]

聚氨酯硬质泡沫塑料（RPUF）是一种性能优良的绝热材料，由于具有较低的导热系数，优良的机械性能、热稳定性，且具有容易黏结、易于加工成型、燃烧不产生熔滴等优异性能，被广泛应用于建筑保温、冷藏设备、工业管道、运输设备及航空航天等众多领域[2,3]。建筑保温是 RPUF 最重要的应用领域之一，其被广泛用于建筑物的墙体、屋顶等需要保温隔热的区域。全水发泡技术以水作为化学发泡剂取代了传统的氟氯烃类物理发泡剂，在 RPUF 的制备过程中，利用水与异氰酸酯发生化学反应所生成的二氧化碳进行发泡，是一种臭氧消耗潜值（ODP 值）为零的新型环保发泡技术[4-6]，是聚氨酯硬质泡沫绿色环保发泡技术的重要发展方向。

RPUF 的极限氧指数（LOI）一般低于 19，属于易燃材料，燃烧速度快、产烟量大、放热量大。与传统无机建筑保温材料相比，RPUF 等有机保温材料在实际应用中存在很大的防火安全隐患。因此，对 RPUF 保温材料的阻燃改性研究是聚氨酯保温材料行业的重要研究领域。可膨胀石墨（EG）是一种优良的膨胀型阻燃剂，能够赋予聚合物材料很好的阻燃性能。EG 能够有效提高 RPUF 的阻燃性能[6-8]，但 EG 的粒径对其阻燃性能具有较大的影响，研究表明 EG 的粒径越大，其阻燃效果越好[9]。但是，大尺寸 EG 的加入会大幅降低阻燃 RPUF 的力学性能。本章以聚磷酸铵（APP）、氢氧化铝（ATH）与大粒径的 EG 组成无卤复配阻燃体系对全水发泡聚氨酯硬质泡沫塑料进行阻燃处理，研究了无卤复配阻燃体系对全水发泡聚氨酯硬质泡沫的阻燃和力学性能的影响，研制了阻燃性能优良、压缩强度高的无卤阻燃全水发泡聚氨酯硬质泡沫材料。

2.1 无卤阻燃全水发泡聚氨酯硬质泡沫的制备

2.1.1 原料

聚醚多元醇：GR4110-G，中国石化上海高桥分公司；多亚甲基多苯基异氰酸酯（PAPI）：PM200，烟台万华聚氨酯股份有限公司；环己胺（Cyclohexylamine）：分析纯，成都市科龙化工试剂厂；有机硅泡沫稳定剂：SD-201，苏州思德新材料科技有限公司；可膨胀石墨（EG）：平均粒径 500 μm，山东省莱西市繁荣石墨制品厂；聚磷酸铵（APP）：工业级，什邡市长丰化工有限公司；氢氧化铝（ATH）：分析纯，天津市致远化学试剂有限公司。

2.1.2 聚氨酯硬质泡沫的制备过程

采用一步发泡工艺制备阻燃聚氨酯硬质泡沫塑料，具体制备工艺流程如下：将聚醚多元醇（GR4110-G）、催化剂（环己胺）、有机硅泡沫稳定剂、发泡剂（水）等基础原料按照表 2-1 中的比例配成组合聚醚，以 1 000 r/min 的搅拌速度混合 60 s，然后加入质量分数为 7%～27%的阻燃剂再搅拌 60 s，使其混合均匀；按表 2-1 中的原料组成比例，取适量的 PAPI（PM200）加入到组合聚醚中，以 1 000 r/min 的搅拌速度混合 10 s 后，立即浇铸到成型模具中，待其固化成型后即制得阻燃聚氨酯硬质泡沫塑料。按照表 2-1 中的物料配比所制备聚氨酯硬质泡沫塑料的密度为 40 kg/m^3，加入质量分数为 7%～27%的阻燃剂所制备的阻燃聚氨酯硬质泡沫塑料的密度一般为 41～50 kg/m^3。

表 2-1 聚氨酯硬质泡沫的配方

原料	GR4110-G	PM200	环己胺	SD-201	水
含量/g	100	160	2	2	3

2.1.3 测试分析

燃烧性能测试：采用 HC-2C 型极限氧指数仪（南京市江宁区分析仪器厂），按照 GB/T 2406—1993 标准测试试样的 LOI 值。

力学性能测试：采用电子万能材料试验机（INSTRON 5967，美国 INSTRON 公司），按照 GB/T 8813—2008 标准测试试样的压缩强度，压缩速率为 2 mm/min。

形态结构表征：试样经喷金处理后，采用 KYKY-EM 3800B 型电子显微镜（北京中科科仪股份有限公司）进行形态结构分析，加速电压 20 kV。

热稳定性测试：采用 Q500 型热重分析仪（美国 TA 公司），在空气气氛下，将试样以 10 °C/min 的升温速率从 50 °C 升至 800 °C。

2.2　无卤阻燃全水发泡聚氨酯硬质泡沫的性能分析

2.2.1　RPUF/EG 的燃烧和力学性能

研究表明 EG 的加入能够有效提高聚合物材料的阻燃性能，本章采用平均粒径为 500 μm 的大尺寸 EG 对全水发泡 RPUF 进行阻燃处理。图 2-1 所示为 EG 阻燃 RPUF 的极限氧指数（LOI）与 EG 含量的关系图。从图中可以看到，未经阻燃处理的 RPUF 的 LOI 值为 19%。加入质量分数为 7%的 EG 使得 RPUF/EG 的 LOI 值提高到 24%，并且 RPUF/EG 的 LOI 值随 EG 含量的增加呈线性增长的趋势，当 EG 含量为 27%时 RPUF/EG 的 LOI 值达到 37%。由此可见，大粒径 EG 的加入能明显提高 RPUF 的阻燃性能。

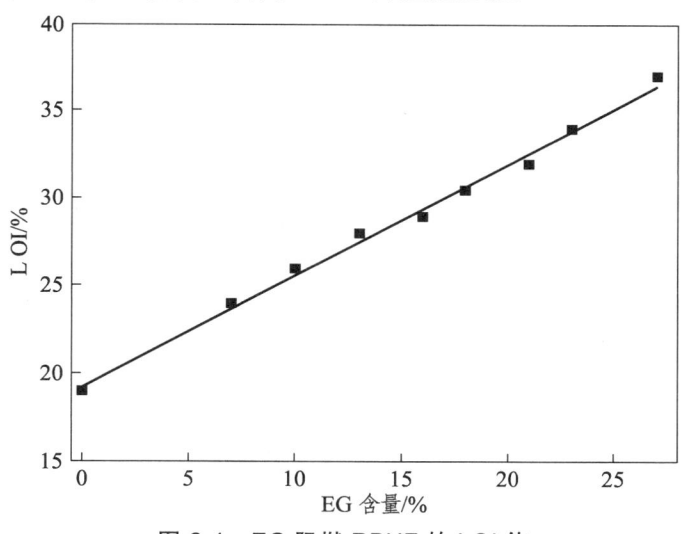

图 2-1　EG 阻燃 RPUF 的 LOI 值

图 2-2 所示为 RPUF/EG 的压缩强度与 EG 含量的关系图。从图中可以看到，EG 的加入明显降低了 RPUF 的压缩强度，并且 RPUF/EG 的压缩强度与 EG 含量的增加基本呈线性趋势下降。纯 RPUF 的压缩强度为 353.5 kPa，当

EG 含量为 27% 时，RPUF/EG 的压缩强度降低到 256.4 kPa。相对于纯 RPUF，含 27% EG 的阻燃 RPUF 的压缩强度下降了 27.5%，由此可知，阻燃剂 EG 的加入虽然能够显著提高 RPUF 的阻燃性能，但是这种大尺寸的片状无机材料的加入影响了 RPUF 的泡孔结构完整性，从而严重降低阻燃 RPUF 的力学性能。

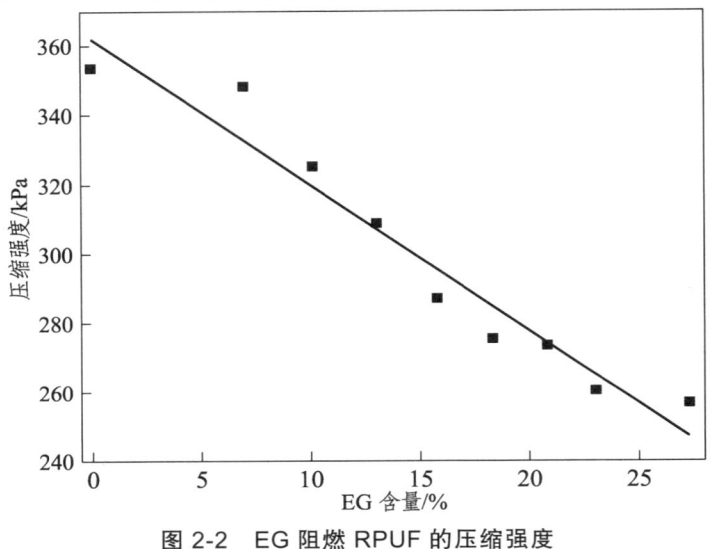

图 2-2　EG 阻燃 RPUF 的压缩强度

2.2.2　RPUF/EG/APP/ATH 的燃烧和力学性能

阻燃剂 EG 的加入显著提高了 RPUF 的阻燃性能，但大量片状无机材料（EG）的加入大幅降低了阻燃 RPUF 的力学性能。因此，采用粉状的 APP、ATH 与片状的 EG 组成复配阻燃体系对 RPUF 进行阻燃处理，利用阻燃剂之间的协同效应，在保持良好阻燃性能的前提下，降低 EG 的用量，减少阻燃剂对 RPUF 力学性能的影响。表 2-2 列出了 EG、APP、ATH 以及它们的复配体系对 RPUF 阻燃性能的影响，其中阻燃剂的总含量均固定为质量分数 27%。从表 2-2 中可以看到，当这 3 种阻燃剂单独使用时，EG 的阻燃效果最好，试样 RPUF/EG 的 LOI 为 37%，APP 和 ATH 的阻燃效果都比较差，试样 RPUF/APP 的 LOI 为 27%，而试样 RPUF/ATH 的 LOI 仅为 23%。如表 2-2 中所示，EG 和 APP、ATH 组成的复配体系对 RPUF 具有较好的阻燃效果，EG/APP/ATH 复配体系阻燃 RPUF 的 LOI 值明显高于各阻燃剂单独阻燃 RPUF 的 LOI 值，表明 3 种阻燃剂之间具有明显的阻燃协同效应。当 EG/APP/ATH 的组分比为 6/2/2 时，该复配体系的阻燃效果达到最佳，阻燃 RPUF 的 LOI 达到 39% 的最高值。

2.2 无卤阻燃全水发泡聚氨酯硬质泡沫的性能分析

表 2-2 EG/APP/ATH 阻燃 RPUF 的 LOI 值（阻燃剂含量均为质量分数 27%）

样品号	EG/APP/ATH 组成	总含量/%	LOI/%
1	10/0/0	27	37
2	0/10/0	27	27
3	0/0/10	27	23
4	6/0/4	27	35
5	6/1/3	27	37
6	6/2/2	27	39
7	6/3/1	27	38
8	6/4/0	27	37

图 2-3 所示为含量为 27% 的 EG/APP/ATH 复配体系阻燃 RPUF 的压缩强度。如图所示，采用 EG/APP/ATH 复配体系阻燃的 RPUF 具有较高的压缩强度，在 312.2 kPa 到 348.3 kPa 之间，与纯 RPUF 的压缩强度较为接近。对比图 2-2 和图 2-3 可知，在阻燃剂含量同为 27% 的情况下，EG/APP/ATH 复配体系阻燃 RPUF 的压缩强度明显高于单独使用 EG 阻燃 RPUF 的压缩强度（256.4 kPa）。图 2-3 显示 EG/APP/ATH 复配体系的配比差异对阻燃 RPUF 的压缩强度有一定的影响，但总体变化不大。由此可知，采用 EG/APP/ATH 复配体系能够很好地平衡阻燃 RPUF 的阻燃性能和力学性能，得到阻燃性能优良、压缩强度高的阻燃 RPUF。

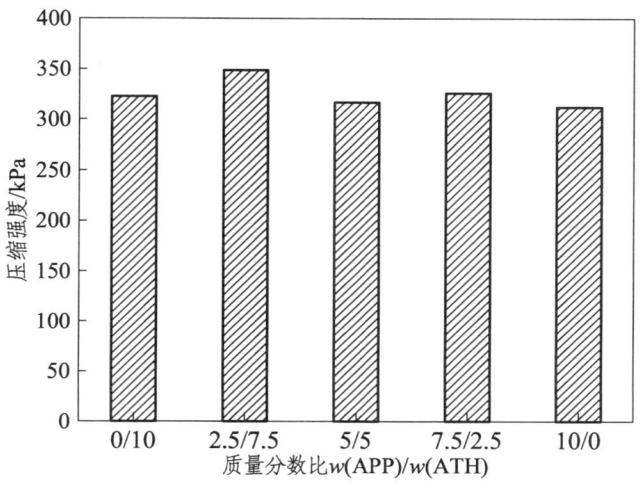

图 2-3 RPUF/EG/APP/ATH 的压缩强度

2.2.3 阻燃剂对 RPUF 热稳定性的影响

图 2-4 所示为纯 RPUF 和阻燃 RPUF 的热失重（TG）曲线。如图所示，所有试样的热降解过程都明显地分为两个主要阶段。纯 RPUF 的第一降解阶段发生在 250～440 ℃ 之间，主要是 RPUF 分子链的裂解反应；在 440～670 ℃ 的第二降解阶段 RPUF 完全发生热氧降解。EG 在 300 ℃ 附近发生受热膨胀，形成的炭层起到了隔热作用，提高了试样 RPUF/EG 的热稳定性，使得试样 RPUF/EG 的热失重率在 300 ℃ 以后明显高于纯 RPUF，直到 800 ℃ 完全分解。在试样 RPUF/APP 中 APP 和 RPUF 在 160 ℃ 发生反应，生成氨气、水和多聚磷酸[9]，降低了 RPUF 在第一阶段（160～310 ℃）的热稳定性；但多聚磷酸促进 RPUF 形成了具有隔热能力的致密炭层，使得试样 RPUF/APP 在第二阶段的热稳定性显著提高，并且将试样 RPUF/APP 的最终残留量提高到16.5%。ATH 在 270～350 ℃ 和 510 ℃ 分两次发生失水反应[10]，降低了 RPUF 的温度，并且释放出的水稀释了可燃气体浓度，生成的三氧化二铝对 RPUF 起到了隔热保护作用，将试样 RPUF/ATH 的最终残留量提高到 17%。采用 EG/APP/ATH 复配体系阻燃 RPUF 时，APP 与 RPUF 的反应以及 ATH 的失水反应使得其在第一阶段的失重率高于纯 RPUF 和试样 RPUF/EG，但在第二阶段，由于 APP 促进了 RPUF 的成炭，ATH 失水产生了三氧化二铝保护层，使得 RPUF/EG/APP/ATH 的最终残留量达到 10%，明显高于纯 RPUF 和试样 RPUF/EG。

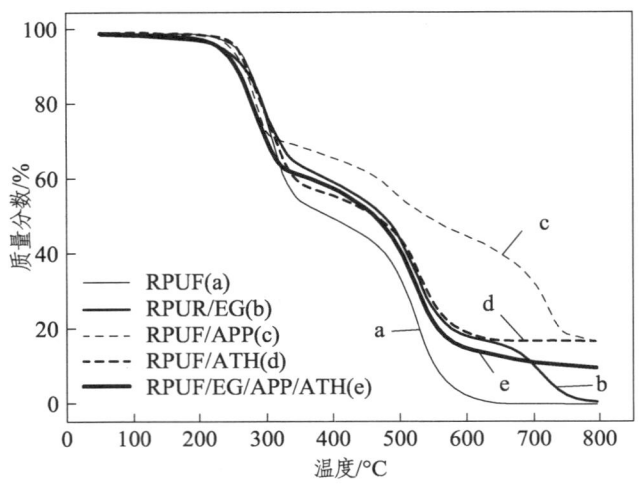

图 2-4　纯 RPUF 和阻燃剂含量为 27%的阻燃 RPUF 的 TG 曲线

2.2.4 阻燃剂对 RPUF 结构的影响

图 2-5 所示为 RPUF 的扫描电镜（SEM）图片，其中（a）为纯 RPUF，（b）为 RPUF/EG，（c）和（d）为 EG/APP/ATH（6/2/2）阻燃 RPUF 的不同放大倍数的 SEM 图片。对比图（a）和图（b）可以发现，大量片状 EG 的加入干扰了 RPUF 的发泡过程，使得 RPUF/EG 的泡孔直径相对于纯 RPUF 有所增大。并且，片状的 EG 由于自身粒径较大而穿插在相邻泡孔之间，这严重影响了 RPUF 泡孔结构的完整性，使得 RPUF/EG 的 SEM 图片中出现一些贯穿于相邻泡孔之间的尖锐裂纹，而这些裂纹的数量会随着 EG 含量的增大而增加。由此可知，泡孔尺寸的增大，特别是贯穿裂纹的存在应该是 RPUF/EG 压缩强度降低的主要原因。当采用 EG/APP/ATH 复配体系阻燃 RPUF 时，EG 的含量相对降低，减少了其对 RPUF 泡孔结构的影响，并且复配体系中粉末状的 APP、ATH 混合在 RPUF 的泡孔壁内[图（d）]，不会对 RPUF 的泡孔完整性产生影响，因此，在相同的阻燃剂含量下，RPUF/EG/APP/ATH 的压缩强度明显优于 RPUF/EG。

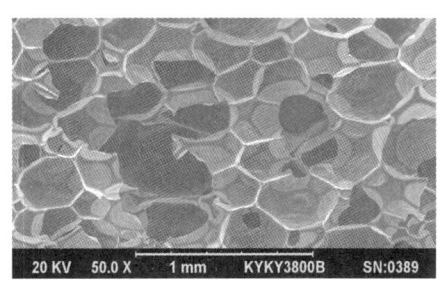

（a）纯 RPUF（50×）

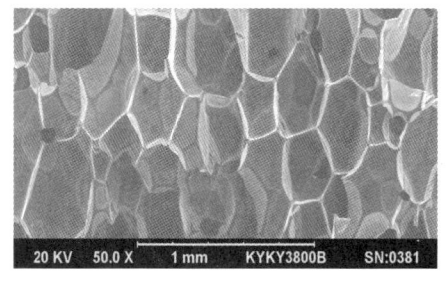

（b）RPUF/EG（50×）

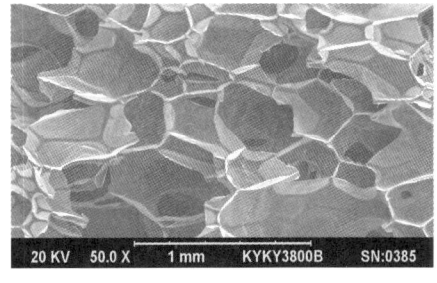

（c）RPUF/EG/APP/ATH（50×）

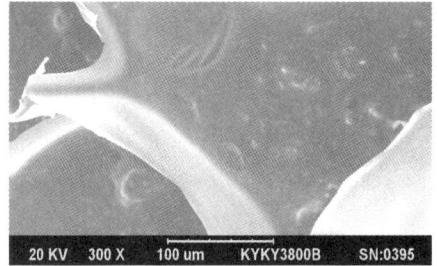

（d）RPUF/EG/APP/ATH（300×）

图 2-5 纯 RPUF 和阻燃剂含量为 27%的阻燃 RPUF 的 SEM 图片

2.3 小结

本章采用 APP、ATH 与 EG 组成复配阻燃体系对全水发泡聚氨酯硬质泡沫塑料进行阻燃处理，很好地平衡了阻燃 RPUF 的阻燃性能和力学性能，得到了阻燃性能优良、压缩强度高的无卤阻燃全水发泡聚氨酯硬质泡沫材料。实验结果表明 EG 的加入虽然能很好地提高 RPUF 的阻燃性能，但大量 EG 的加入影响了 RPUF 的泡孔结构完整性，使其压缩强度大幅降低。EG/APP/ATH 复配阻燃体系具有很好的阻燃协同效应，当其组分比为 6/2/2 时，该复配体系的阻燃效果最佳，阻燃剂含量为 27% 的阻燃 RPUF 的 LOI 达到 39%，同时该复配阻燃体系对 RPUF 的结构完整性影响小，其压缩强度为 326 kPa，仅略低于纯 RPUF。

本章参考文献

[1] 尹朝露，李风，张泽江. 无卤阻燃全水发泡聚氨酯硬质泡沫的结构与性能研究[J]. 功能材料，2013，44（s2）：285-288.

[2] TANG Z, VALERM M M, ANDRESEN J M, et al. Thermal degradation behavior of rigid polyurethane foams prepared with different fire retardant concentrations and blowing agents [J]. Polymer, 2002, 43 (24): 6471-6479.

[3] 叶美玲，洪金庆，陈翠雪，等. 低密度阻燃聚氨酯硬质泡沫的制备及性能初探 [J]. 高分子材料科学与工程，2012，28（9）：141-144.

[4] ZATORSKI W, BRZOZOWSKI Z, KOLBRECKI A. New developments in chemical modification of fire-safe rigid polyurethane foams [J]. Polym. Degrad. Stab., 2008, 93 (11): 2071-2076.

[5] 毋登辉，赵培华，王晓峰，等. 无卤型阻燃全水发泡硬质聚氨酯泡沫塑料的制备及性能研究[J]. 功能材料，2013，44（10）：1-5.

[6] 董金路，曹宏斌，张懿. 可膨胀石墨阻燃水发泡聚氨酯泡沫塑料的制备[J]. 高分子材料科学与工程，2009，25（6）：128-131.

[7] YE L, MENG X Y, XU J, et al. Synthesis and characterization of expandable graphite-poly(methyl methacrylate)composite particles and their application to flame retardation of rigid polyurethane foams [J].

Polym. Degrad. Stab., 2009, 94（6）: 971-979.

[8] SINGH H, JAIN A K. Ignition, combustion, toxicity, and fire retardancy of polyurethane foams: a comprenhensive review[J]. Journal of Applied Polymer Science, 2009, 111（2）: 1115-1143.

[9] SHI L, LI Z M, XIE B H, et al. Flame retardancy of different-sized expandable graphite particles for high-density rigid polyurethane foams [J]. Polym. International, 2006, 55（8）: 862-871.

第三章

阻燃硬泡聚氨酯（复合发泡）的阻燃机理与燃烧产物分析

国内外对硬质聚氨酯泡沫材料进行了大量的研究，主要集中在热解过程研究、阻燃剂阻燃机理及用量的阻燃效果、热解过程中有害物质研究等，但综合研究的项目很少，这是由于聚氨酯材料的热降解是一个非常复杂的异构化过程，包括多个多级降解反应，除此之外，不同原料合成的硬质聚氨酯材料热解过程也不尽相同。近年来，在热重分析仪上研究城市生活垃圾、生物质及各种高聚物的热解燃烧特性已成为一种公认的研究手段。许多研究人员对聚氨酯热降解特性进行了大量研究。很多都是关于聚氨酯在空气中燃烧时热稳定性的研究，通过这些研究寻找到有效能抑制聚氨酯燃烧的方法，而对聚氨酯燃烧过程中气态产物的释放及特性研究较少[1-20]。

本章针对合成的无添加阻燃剂的硬质聚氨酯泡沫塑料和添加阻燃剂的硬质泡沫塑料进行 TG-FTIR 分析、热释放速率分析，主要分析出不同硬质聚氨酯泡沫塑料在特殊温度下热解产生的气态物质种类及相对产量，并结合硬质聚氨酯热解过程及原料构成分析阻燃机理，从而进行综合对比。

3.1 硬泡聚氨酯、阻燃硬泡聚氨酯的合成

3.1.1 硬泡聚氨酯的合成

聚氨酯属于反应型高分子材料，其中氨基甲酸酯基团是由异氰酸酯官能团和羟基反应生成,结构可看作一种含有软链段和硬链段的嵌段共聚物，其衍生产品硬泡聚氨酯泡沫塑料是以聚醚多元醇和多官能团异氰酸酯等为主要原料形成一种交联结构，并在发泡剂、催化剂、匀泡剂等助剂的作用

3.1 硬泡聚氨酯、阻燃硬泡聚氨酯的合成

下得到的一种闭孔、硬度较大的泡沫材料，近年来主要用于外墙保温材料。本研究中首先对硬泡聚氨酯的合成进行了研究，如图 3-1。

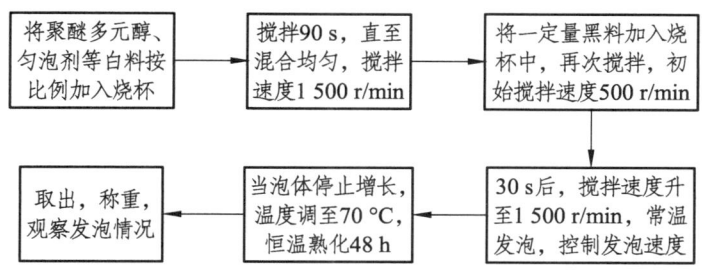

图 3-1 硬泡聚氨酯的合成研究

由于本实验室没有合成聚氨酯的基础，因此在前期硬泡聚氨酯的合成方面进行了较多探索工作，其中着重研究了多亚甲基多苯基异氰酸酯（PAPI）用量对硬泡聚氨酯性能的影响，见表 3-1。由表可知，随配方中 PAPI 含量的增加，发泡速度增加，气孔量增加，当 PAPI 增至 150 份时，由于发泡速度过快，难以控制，这是由于发泡体系中选用水作为化学发泡剂，其原理为：

$$\sim\sim\sim\sim NCO + H_2O \longrightarrow \sim\sim\sim\sim RN(H)COOH \longrightarrow \sim\sim\sim\sim NH_2 + CO_2$$

因此随配方中 PAPI 含量的增加，体系中—NCO 数量增加，CO_2 发泡气体量增加，发泡速度加快，当—NCO 数量增加到一定程度后，释放气体量过大，反应过快，导致结构内部泡孔尺寸变大，分布不均匀。由上述结果可知，当 PAPI 150 份、聚醚多元醇（4110）70 份、聚醚多元醇（635）30 份、HCFC-141b 20 份、水 1 份时，可获得泡孔均匀细密、发泡稳定的硬泡聚氨酯材料。

表 3-1 多亚甲基多苯基异氰酸酯（PAPI）用量对硬泡聚氨酯性能影响

PAPI/份	聚醚多元醇 4110/份	聚醚多元醇 635/份	141-b/份	水/份	发泡情况	密度/(kg/m^3)
80	70	30	20	1	发泡速度慢，泡体硬度大，发泡率不高	34
100	70	30	20	1	泡体较均匀细密	36
120	70	30	20	1	发泡速度较快	40
150	70	30	20	1	发泡速度稳定，泡体均匀细密	39

3.1.2 阻燃硬泡聚氨酯的合成

研究中分别选取了目前市面上硬泡聚氨酯常用的磷系阻燃剂甲基磷酸二甲酯（DMMP），溴系阻燃剂十溴二苯乙烷（DBDPE）以及甲基磷酸二甲酯/磷酸三（1,3-二氯丙基）酯（DMMP/TDCP）复配阻燃体系对其进行阻燃处理，并就阻燃剂添加量对聚氨酯的性能影响进行了研究。表 3-2、表 3-3 分别为加入阻燃剂 DMMP 及（DMMP/TDCP）时的材料性能变化情况。由表中数据可知，各阻燃体系都随配方中阻燃剂添加量增加，氧指数增加，但阻燃剂的添加都会导致泡体收缩，对保温性能和材料外观造成影响。

表 3-2 阻燃剂甲基磷酸二甲酯（DMMP）对硬泡聚氨酯性能的影响

PAPI/份	聚醚多元醇4110/份	聚醚多元醇635/份	141-b/份	水/份	DMMP/份	泡体情况	氧指数
150	70	30	20	1	10	泡体无收缩	26.3
150	70	30	20	1	20	泡体略有收缩且泡体有不明显空心	27.0
150	70	30	20	1	30	泡体略有收缩,底部无泛黄	27.5

表 3-3 阻燃剂甲基磷酸二甲酯/磷酸三（1,3-二氯丙基）酯（DMMP/TDCP）复配对硬泡聚氨酯性能的影响

PAPI/份	聚醚多元醇4110/份	聚醚多元醇635/份	141-b/份	水/份	DMMP-TDCP（2∶1）/份	泡体情况	氧指数
150	70	30	20	1	10	泡体无收缩	26.8
150	70	30	20	1	20	泡体无收缩且泡体无空心	27.5
150	70	30	20	1	30	泡体无收缩,底部无泛黄	28.0

3.2 DMMP-PUF 阻燃机理及燃烧产物研究[2]

3.2.1 热重分析

当制备阻燃聚氨酯硬泡材料时，不同阻燃剂种类会对材料的热稳定性及其

热氧化降解历程产生不同影响。本实验用热失重分析测定了 5 种硬质聚氨酯材料的热分解稳定性,分别是纯硬质聚氨酯泡沫塑料、DMMP 为阻燃剂的硬质聚氨酯泡沫塑料、DMMP/TCEP 为阻燃剂的硬质聚氨酯泡沫塑料、DMMP/TDCP 为阻燃剂的硬质聚氨酯泡沫塑料以及 DMMP/TCPP 为阻燃剂的硬质聚氨酯泡沫塑料。图 3-2、图 3-3 分别为 PUF、DMMP-PUF(20)、DMMP-PUF(30)的 TG 图及 DTG 图。

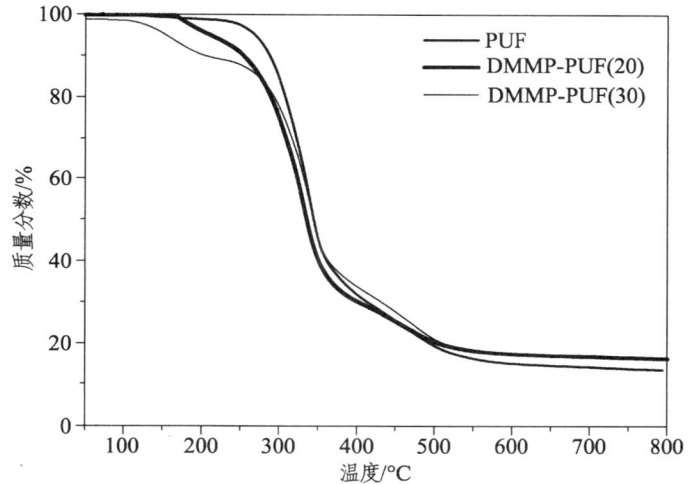

图 3-2 PUF、DMMP-PUF(20)、DMMP-PUF(30)的 TG 曲线

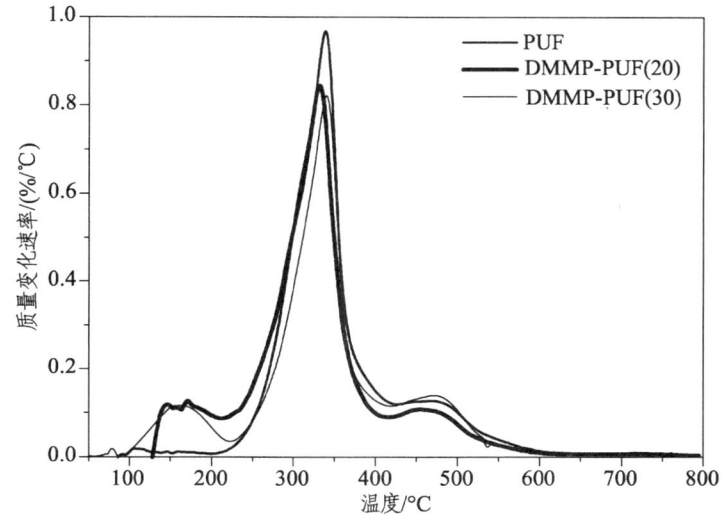

图 3-3 PUF、DMMP-PUF(20)、DMMP-PUF(30)的 DTG 曲线

图 3-2 为未阻燃聚氨酯硬泡（PUF），阻燃剂 DMMP 含量为 20 份的阻燃聚氨酯硬泡[DMMP-PUF（20）]以及阻燃剂 DMMP 含量为 30 份的阻燃聚氨酯硬泡[DMMP-PUF（30）]在氮气氛围中的 TG 曲线。由 TG 曲线可知，未添加阻燃剂时 PUF 的初始分解温度（热失重率为 10%所对应温度）为 285 ℃，随着阻燃剂 DMMP 添加量的增加，材料的初始分解温度降低：阻燃剂 DMMP 添加量为 20 份时，初始分解温度为 252 ℃；添加量为 30 份时，初始分解温度最低，为 200 ℃。此现象是由于含磷阻燃剂 DMMP 中 P—O—C 化学键的键能低于常见的 C—C 的键能，在较高温下会分解为磷酸类化合物，使得 DMMP 改性聚氨酯硬泡材料的初始分解温度向低温区移动。由曲线可知，随着聚氨酯硬泡体系中阻燃剂 DMMP 含量增加，材料在 800 ℃下的残炭量提高，未阻燃聚氨酯的残炭量为 14.1%，当 DMMP 含量为 30 份时，残炭量最高，为 16.8%。由此可知，随着阻燃剂含量的增加，聚氨酯体系的热稳定性明显提高。

图 3-3 为阻燃和未阻燃聚氨酯硬泡的 DTG 曲线图。由图所示，PUF 在 50～800 ℃的温度区间有 3 个热失重峰，分别对应 3 个热分解阶段，其中：第一个阶段为 50～285 ℃，主要涉及体系中水分和助剂的散失以及分子链中 C—O 键断裂、解聚生成小分子异氰酸酯和多元醇的反应；第二个阶段为>285～400 ℃，是 PUF 的主要分解阶段，此时热失重的峰值和峰面积最大，热失重峰峰值所对应的温度为 340 ℃，此过程主要为异氰酸酯基团和部分多元醇结构的分解；第三阶段为 400～600 ℃，此时残余物继续热解，在高温下发生脱水、炭化反应。当加入阻燃剂 DMMP 时，DMMP-PUF（20）和 DMMP-PUF（30）仍有 3 个热失重峰，但较 PUF 而言，热失重峰峰值和峰面积都发生变化，其中：DMMP-PUF（30）曲线中第一个热失重峰峰面积及峰值明显增加，这是由于阻燃剂 DMMP 的提前分解导致 DMMP-PUF 热降解的初始阶段不仅包括 C—O 键的断裂、水分及助剂的损失，还包含较低温度下阻燃剂 DMMP 的热分解过程；DMMP-PUF 曲线中的后两个热失重峰所对应温度区间几乎没有变化，说明阻燃剂 DMMP 对聚氨酯硬泡的热降解历程影响较小，样品 DMMP-PUF（30）曲线中第二个热失重峰的峰值降低，这说明在硬泡聚氨酯体系中添加阻燃剂 DMMP 能有效抑制材料在高温下的热降解反应；在第三个热失重峰中，热失重曲线的斜率增大，且 DMMP-PUF 提前结束第三阶段的热降解过程，说明随着阻燃剂 DMMP 的加入，改性聚氨酯硬泡的炭化速度提高。以上数据表明，阻燃剂 DMMP 通过在较低温度下的提前分解产生有效成分，起到有效延缓硬泡聚氨酯材料的热降解历程，提高材料在高温下的热稳定的作用，具有较好的阻燃性能。

3.2.2 气相 FT-IR 分析

1. 3D 谱图

在 3D TG-FTIR 的平面图中,可根据不同波长区域中的颜色变化判断该区域所对应的化学基团的含量高低,其中颜色由深至浅表明浓度从高到低。图 3-4、图 3-5、图 3-6 分别为 PUF、DMMP-PUF(20)、DMMP-PUF(30)在解热过程中产物的 3D TG-FTIR 谱图。

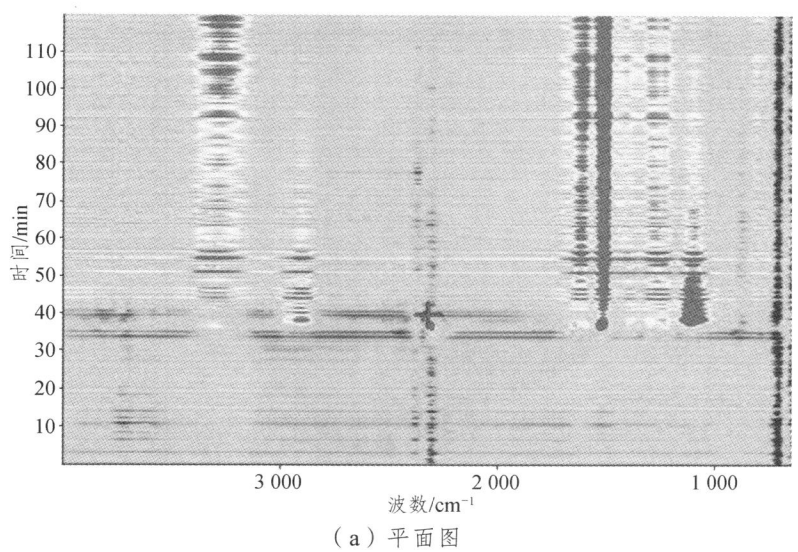

(a)平面图

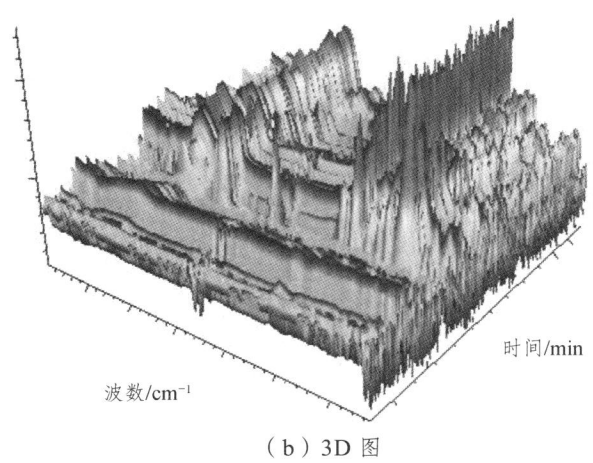

(b)3D 图

图 3-4 PUF 的 3D TG-FTIR 谱图

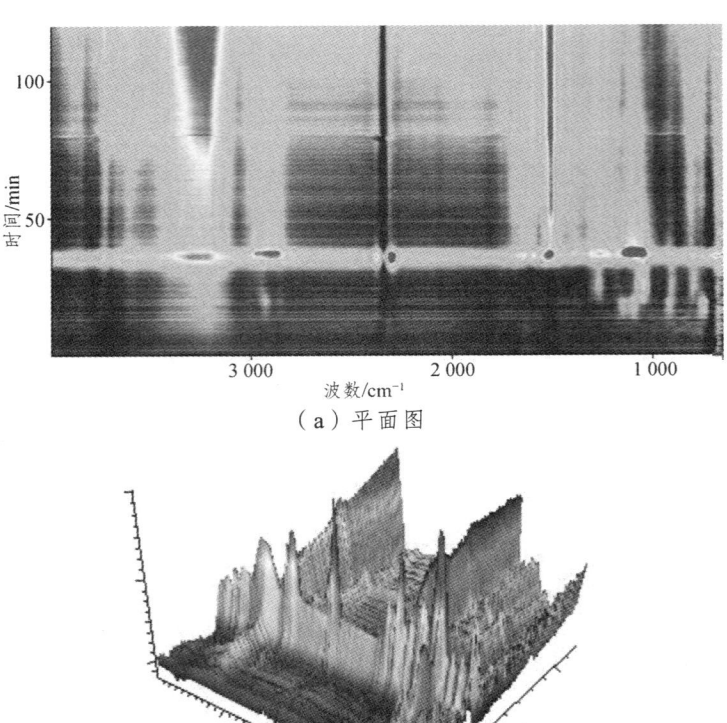

(a)平面图

(b)3D 图

图 3-5 DMMP-PUF(20)的 3D TG-FTIR 谱图

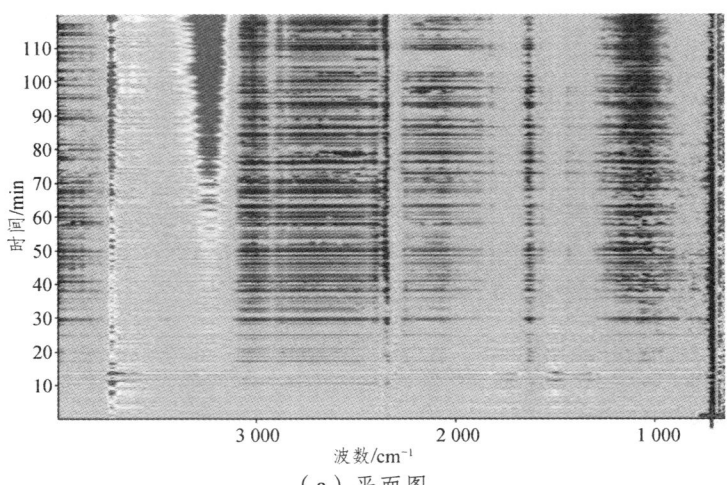

(a)平面图

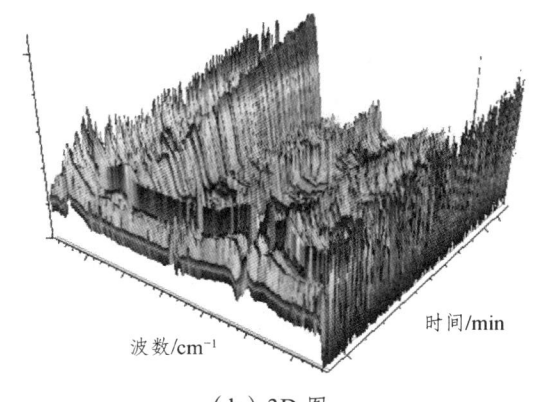

（b）3D 图

图 3-6　DMMP-PUF（30）的 3D TG-FTIR 谱图

由图中的平面图可知，纯聚氨酯硬泡在热解过程中分解产物的释放量变化小并且释放过量连续。添加阻燃剂 DMMP 后，图中深色区域明显减少，由此可知，阻燃剂 DMMP 的添加能有效抑制改性聚氨酯硬泡的热降解过程。由 3D 谱图波峰颜色及波段可知：PUF 在热解过程中产生醚基 C—O—C（1 114 cm^{-1} 附近）、酯基中 C—O 基团（1 257 cm^{-1}）、胺中[C—N（1 220～1 320 cm^{-1}）、N—H（3 318 cm^{-1}）]、甲基的变形振动（1 406 cm^{-1}）、苯环骨架振动（1 513 cm^{-1}）、—C≡C（1 622 cm^{-1}）、—NCO（2 275 cm^{-1}）、甲基和亚甲基伸缩振动（2 906 cm^{-1}），并且在 3 700 cm^{-1} 附近很微弱的波峰区域。

从 DMMP-PUF 的 3D TG-FTIR 光谱图可以看出，加入 DMMP 的聚氨酯硬泡波峰范围减少，甲基和亚甲基伸缩振动（2 906 cm^{-1}）、—C≡C（1 622 cm^{-1}）和苯环骨架振动（1 513 cm^{-1}）对应波段区域的颜色减少并且变浅，醚基 C—O—C 消失，—NH 也减少。

这可能是由于 DMMP 的凝固相阻燃作用。DMMP 受热分解成磷酸覆盖于燃烧面上，隔绝空气和热源，迫使燃烧停止。DMMP-PUF 中随着 DMMP 量的增加，环骨架振动被检测到。在一定范围内，随着 DMMP 加入阻燃作用增加。超过这个范围，阻燃作用减弱。

2. DTG 的极值点对应温度的红外图

3D TG-FTIR 红外谱图可通过在 50～800 ℃ 区间中出现的主要红外特征峰推断出整个热解过程中的主要降解产物，但此分析难以对聚氨酯硬泡的热降解过程进行表述。针对此现象，本章将从 3D TG-FTIR 图中截取 PUF、DMMP-PUF（20）、DMMP-PUF（30）样品热失重峰所对应的红外曲线（即 DTG 极值点所对应的红外图）进行详细研究，从而进一步明确分解产物的生成规律，分析样品的热解过程及探索阻燃剂 DMMP 的阻燃机理。

图 3-7 中分别为纯聚氨酯硬泡样品在 110 ℃、340 ℃、479 ℃ 时所对应的红外曲线。由文献可知：PUF 在 110 ℃ 时无明显特征峰，此阶段中主要是少量的小分子物质的挥发；340 ℃ 时主要红外特征峰分别归属为氨基甲酸酯（—NHC=O）(N—H 3 298 cm^{-1}、N—H 变形 1 530 cm^{-1})、—NCO（2 275 cm^{-1}）、CO_2（2 352 cm^{-1}）、伯胺（N—H 3 298 cm^{-1}、C—N 1 120 cm^{-1}、798 cm^{-1} 处面外变形振动的宽峰）。这些说明此阶段主要包括聚氨酯的解聚反应（生成了异氰酸酯和多元醇）及异氰酸酯和多元醇结构的降解反应。

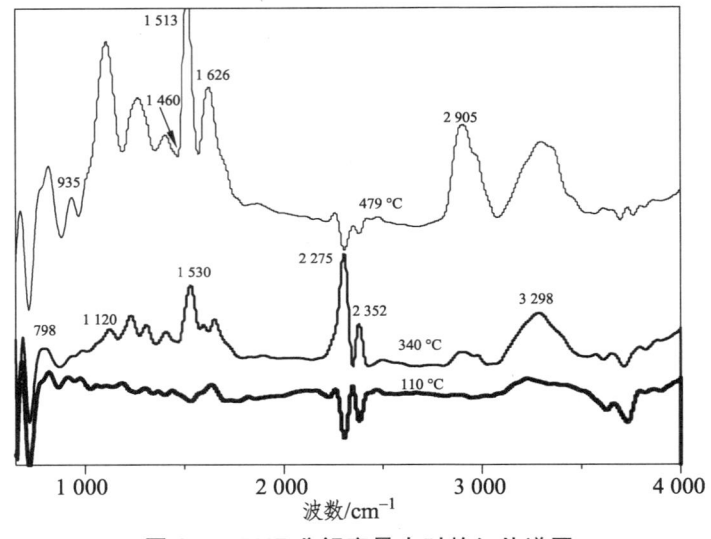

图 3-7 PUF 分解率最大时的红外谱图

当温度升至 479 ℃ 时，红外曲线中 1 530 cm^{-1}、2 275 cm^{-1} 处所对应的 —NHC=O 和 —NCO 红外特征峰消失；在 1 513 cm^{-1}、2 905 cm^{-1}、1 465 cm^{-1}、1 626 cm^{-1} 和 935 cm^{-1} 处出现了新的红外特征峰，它们分别归属于苯环的振动吸收峰、—CH_3 和 —CH_2— 基团的吸收峰以及烯烃中 C=C 和 —CH_2— 变形振动吸收峰；在 798 cm^{-1} 的宽峰向 700 cm^{-1} 移动，此特征峰属于酰胺中 N—H 的变形振动吸收峰。由此推断，在 PUF 最大热失重峰时（479 ℃），聚氨酯和异氰酸酯结构已基本分解，生成 CO_2、伯胺、酰胺和水等小分子化合物，同时降解产物在高温下开始炭化，产物中出现了苯环、烷烃、烯烃类化合物。其热解反应可归纳为：

（1）分子断裂为异氰酸酯和醇：

3.2 DMMP-PUF 阻燃机理及燃烧产物研究

$$RNHCOOR' \longrightarrow RNCO + R'OH$$

（2）生成伯胺、烯烃和 CO_2：

$$RNHCOOCH_2CH_2R' \longrightarrow RNH_2 + CH_2 = CHR' + CO_2$$

图 3-8 为 DMMP-PUF（20）样品在 164 ℃、341 ℃ 和 478 ℃ 时所对应的红外曲线图。DMMP-PUF（20）在 164 ℃ 时呈现出的主要特征峰归属于有机磷化合物（R_3PO）（P=O 1 179 cm^{-1}、C—O 1 007 cm^{-1}、P—O 747 cm^{-1}），H_2O（3 613 cm^{-1}），说明 DMMP 在气相中被检测到；在 341 ℃ 时，红外谱图中可看出 P=O（1 179 cm^{-1}）、P—C（971 cm^{-1}）、P—O（747 cm^{-1}）减弱，出现了新的含磷化合物（P—H 2 311 cm^{-1}、P=O 1 281 cm^{-1}、P—O 823 cm^{-1}），同时—NCO（2 275 cm^{-1}）在材料分解中程度最大，峰值较 PUF 减弱，说明 DMMP 发生了分解，产生的新的含磷化合物对异氰酸酯的分解起到了明显的抑制作用，DMMP 分解后失去水生成不挥发性的磷酸层覆盖于高聚物表面上，抑制了热传递和可燃气体的逸出，这和 TG/DTG 图中的第一分解阶段相对应。随着温度的升高，到 478 ℃ 时，基团 P—H（2 311 cm^{-1}）峰值增大，同时苯环骨架振动（1 515 cm^{-1}）、甲基亚甲基（2 905 cm^{-1}）峰值减弱，说明含磷化合物继续分解，生成小分子 PO、PO_2、HPO_2 等，起到了气相阻燃作用，链式反应有：

（1）$H_3PO_4 \longrightarrow HPO_2 + PO\cdot + 其他$
（2）$PO\cdot + H\cdot \longrightarrow HPO$
（3）$HPO + H\cdot \longrightarrow PO\cdot + H_2$
（4）$PO\cdot + OH\cdot \longrightarrow HPO + O\cdot$

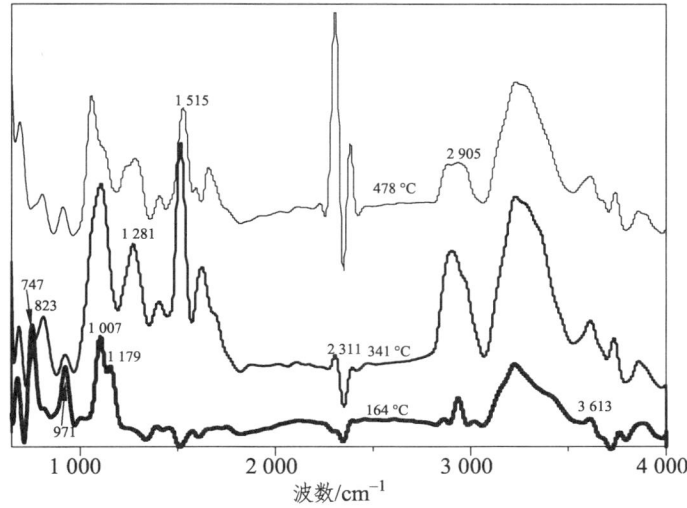

图 3-8 DMMP-PUF（20）分解率最大时的红外谱图

图 3-9 为 DMMP-PUF（30）分别在 163 ℃、331 ℃ 和 467 ℃ 时的红外谱图。从图中可以看出，随着温度的升高，谱图中峰值变化不大，主要特征峰归属于有机磷化合物（P—H 2 314 cm^{-1}、P=O 1 321 cm^{-1}）。这可能是由于添加 DMMP 过量，含磷阻燃剂过多会出现磷脂基。从 TG 及 DTG 曲线可以看出，DMMP-PUF（30）与 DMMP-PUF（20）残炭量相差很小，释放速率也差不多，可推断在一定范围内，DMMP 的增加对聚氨酯硬泡的阻燃作用越来越小。对气体产物的影响后文部分具体说明。与 PUF 相比，加入 DMMP 阻燃剂的硬泡聚氨酯，气体产物的种类几乎没有变化，明显的变化是烷烃类化合物明显减少。

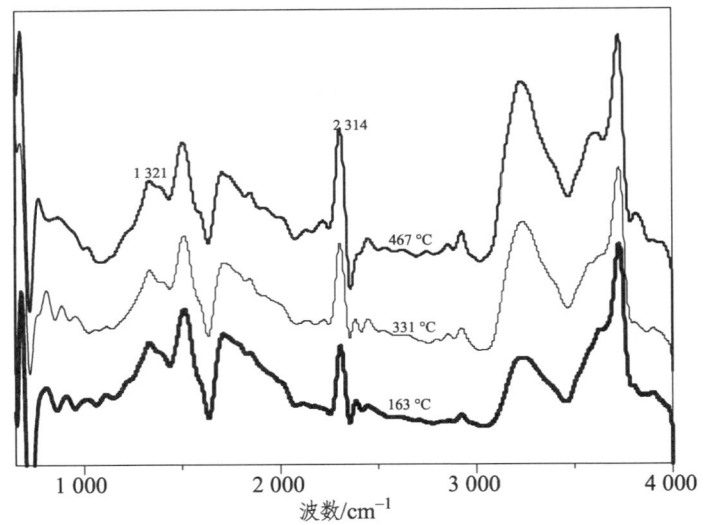

图 3-9　DMMP-PUF（30）分解率最大时的红外谱图

3. 挥发性产物的 TG-FTIR 特性

为了获得更多气体混合物的信息，由于特征官能团很强的红外信号特征，聚氨酯硬泡分解产物可以明确地确定。特征官能团的特征及明确的位置可以在带中明显表示，红外光谱可以很好地表示气体产物。为了清楚地了解这些产物的变化，特征峰强度和时间（温度）的关系如图 3-10 ~ 3-13 所示，根据硬泡聚氨酯分解产生的化合物种类，对苯环骨架振动（1 515 cm^{-1}）、—C=C（1 622 cm^{-1}）、—NCO（2 275 cm^{-1}）、H$_2$O（3 579 cm^{-1}）进行了分析。

图 3-10 是 PUF 和 DMMP-PUF（30）受热过程中含苯环化合物的生成趋势图。由图可以看出，PUF 在 285 ~ 400 ℃ 及 400 ~ 600 ℃ 时，均出现一个峰值，

趋势和 DTG 曲线相似，说明聚氨酯硬泡分解的第二、第三阶段均产生含苯环基团的化合物。DMMP-PUF（30）在 285～400 ℃ 及 400～600 ℃ 时，也均出现一个峰值，较 PUF 峰值减小，说明阻燃剂 DMMP 抑制了聚氨酯硬泡的第二、第三的降解。这是由于 DMMP 在聚氨酯硬泡热降解第一阶段时发生分解，产生磷酸、偏磷酸、聚偏磷酸，这些不易挥发类物质覆盖于聚合物表面，形成保护层，起到阻燃作用。

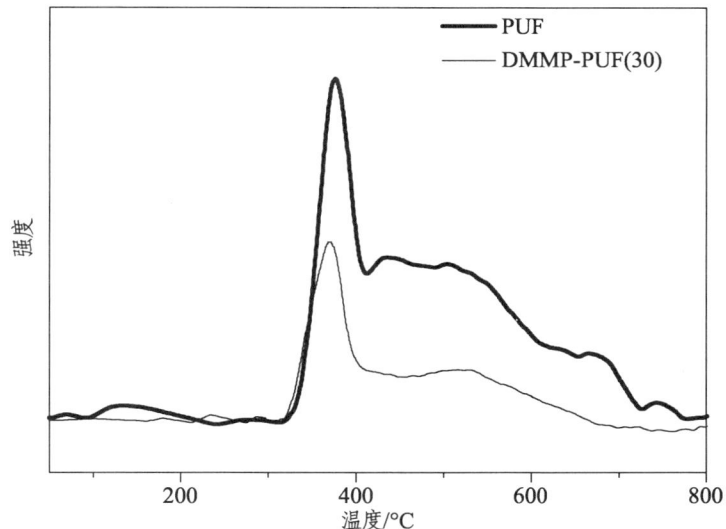

图 3-10　含苯环基团化合物的浓度与时间的关系图

图 3-11 为 PUF 和 DMMP-PUF（30）热降解过程中含—C=C 基团化合物的生成趋势图。PUF 中含—C=C 基团化合物在 285～400 ℃ 及 400～600 ℃ 均出现一个峰值，趋势和 DTG 曲线相似，可推测聚氨酯硬泡分解的第二、第三阶段均产生含—C=C 基团的化合物。DMMP-PUF（30）的分解趋势过程与 PUF 相似，在 285～400 ℃ 及 400～600 ℃ 也都出现一个峰值，第二阶段中，DMMP-PUF（30）的峰值减弱较大，第三阶段中，峰值减少较小，说明 DMMP 对含—C=C 基团化合物的抑制主要在第二阶段。由之前的分析可以知道第二阶段主要是异氰酸酯的分解，可以推测 DMMP 对异氰酸酯的热解有较强的抑制作用。

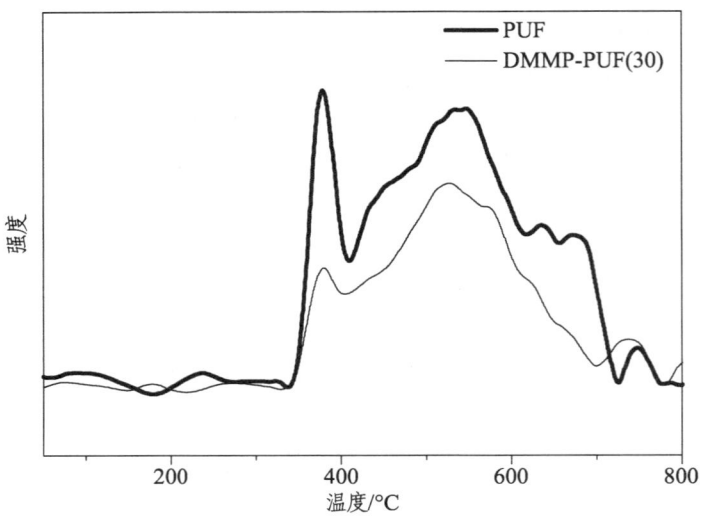

图 3-11　含—C=C 基团化合物的浓度与时间的关系图

图 3-12 为 PUF 和 DMMP-PUF（30）热降解过程中含—NCO 基团化合物生成趋势图。—NCO 基团的生成趋势反映了异氰酸酯的分解强度。从图中看出，PUF 热降解过程中，—NCO 的分解有一个主要的过程，即第二阶段（285～400 ℃），在其后的过程已趋于稳定。这说明异氰酸酯在第二阶段已基本完成，这也符合红外谱图分析中得出的结论。DMMP-PUF（30）中含—NCO 基团化合物的生成趋势与 PUF 的相似，在第二阶段中，峰值减弱，说明 DMMP 抑制了异氰酸酯的分解。

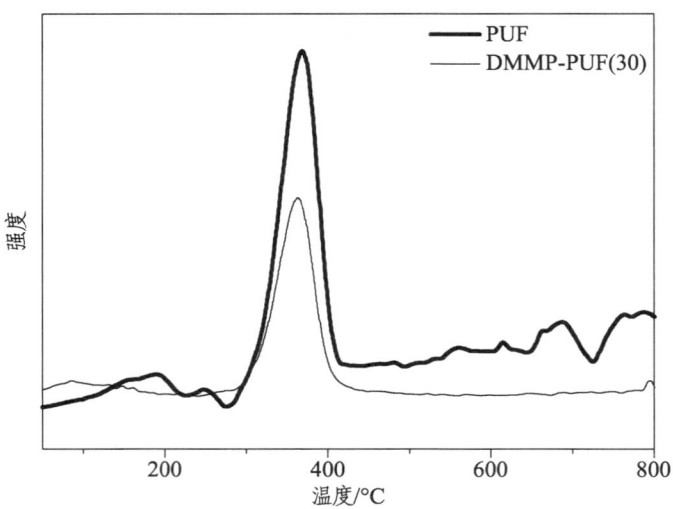

图 3-12　含—NCO 基团化合物的浓度与时间的关系图

3.3 DMMP/TDCP-PUF 阻燃机理及燃烧产物研究

图 3-13 为 PUF 和 DMMP-PUF（30）热降解过程中含水的生成趋势图。水的生成一方面反映了 DMMP 的分解作用，一方面反映了多元醇的热解速度。从图中可以看出，PUF 在热降解过程中，在 200～300 ℃、330～800 ℃ 分别有一个峰值，第一个峰值主要是 PUF 热降解过程中水分的挥发，第二个峰值主要是多元醇分解产生的。DMMP-PUF（30）热降解中水分的初始产生温度为 300 ℃，较 PUF 提前 30 ℃，这是由于 DMMP 分解温度较低，其脱水生成聚磷酸造成的。在 400 ℃ 之后，DMMP-PUF（30）在热降解过程中，水分大幅度减少，说明 DMMP 抑制了多元醇的分解。

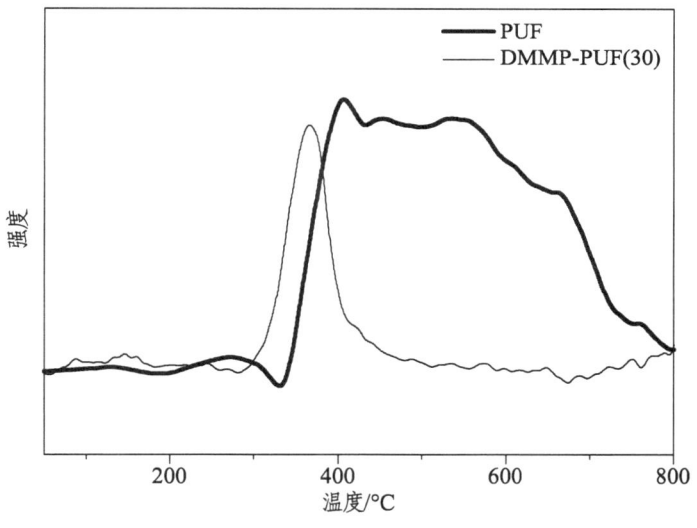

图 3-13　水的浓度与时间的关系图

3.3 DMMP/TDCP-PUF 阻燃机理及燃烧产物研究

3.3.1 热重分析

图 3-14、图 3-15 分别为未阻燃聚氨酯硬泡（PUF），阻燃剂 DMMP、TDCP 分别为 14 份、6 份的阻燃聚氨酯硬泡[DMMP/TDCP-PUF（20）]以及阻燃剂 DMMP、TDCP 分别为 21 份、9 份的阻燃聚氨酯硬泡[DMMP/TDCP-PUF（30）]在氮气氛围中的 TG 曲线图和 DTG 曲线图。

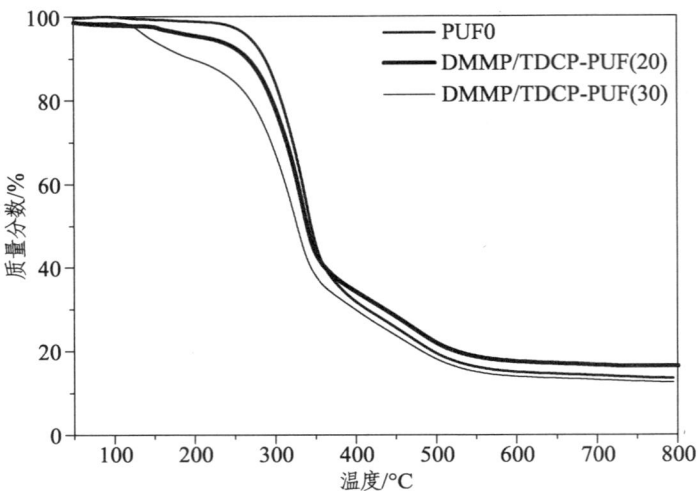

图 3-14 PUF、DMMP/TDCP-PUF（20）、DMMP/TDCP-PUF（30）的 TG 曲线

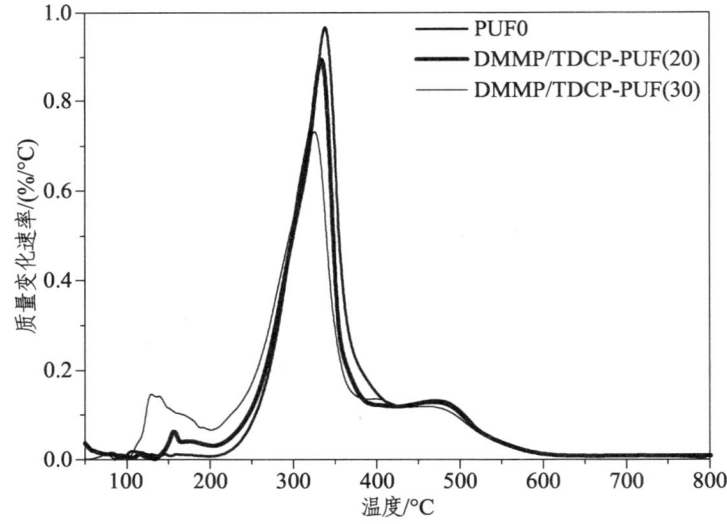

图 3-15 PUF、DMMP/TDCP-PUF（20）、DMMP/TDCP-PUF（30）的 DTG 曲线

从 TG 曲线可以看出，未添加阻燃剂的 PUF 的初始分解温度（热失重率为 10%所对应温度）为 285 ℃，随着阻燃剂 DMMP、TDCP 添加量的增加，高聚物的初始分解温度降低。阻燃剂 DMMP、TDCP 添加量为 20 份时，初始分解

温度为 264 ℃；添加量为 30 份时，初始分解温度最低，为 191 ℃。此现象是由于 P—O—C 键稳定性小于常见的 C—C 键，导致 DMMP、TDCP 的分解温度较低，分别为 187 ℃、230 ℃，使得 DMMP/TDCP 改性聚氨酯硬泡的初始分解温度向低温区移动。在 800 ℃ 时，未阻燃聚氨酯的残炭量为 14.1%，当 DMMP/TDCP 含量为 20 份时，残炭量为 16.6%，DMMP/TDCP 含量为 30 份时，残炭量降低，为 13.4%，DMMP 含磷 25%，TDCP 含磷 7.2%，含氯 49.3%。计算可得，DMMP/TDCP-PUF（20）含磷 1.3%，DMMP/TDCP-PUF（30）含磷 1.9%。当磷-卤联用时，含 1% 左右的磷效果较佳。机理分析在后面部分作具体介绍。由上述分析可知，磷卤阻燃剂联用提高了聚氨酯体系的热稳定性，随着阻燃剂含量的增加，体系的热稳定性减弱。

由 DTG 曲线可知，PUF 在 50~800 ℃ 的温度区间有 3 个热失重峰，分别对应 3 个热分解阶段，第一阶段为 50~285 ℃，第二阶段为>285~400 ℃，第三阶段在>400~600 ℃。当加入阻燃剂 DMMP/TDCP 时，DMMP/TDCP-PUF（20）和 DMMP/TDCP-PUF（30）仍有 3 个热失重峰，但较 PUF 而言，热失重峰峰值和峰面积都发生变化。其中 DMMP-PUF（30）的第一个热失重峰峰值及面积明显增加，这部分热失重不仅包括 C—O 键的断裂、水分及助剂的损失，还包含较低温度下阻燃剂 DMMP、TDCP 的热分解过程。DMMP/TDCP-PUF 曲线中的后两个热失重峰所对应温度区间较 PUF 几乎没有变化，说明阻燃剂 DMMP、TDCP 对聚氨酯硬泡的热降解历程影响较小。样品 DMMP/TDCP-PUF 曲线中第二个热失重峰的峰值降低，这说明在聚氨酯硬泡体系中添加阻燃剂 DMMP、TDCP 能有效抑制材料在高温下的热降解反应；在第三个热失重峰中，热失重峰值变化不大，且在 TG 曲线中，DMMP、TDCP 的加入没有提前结束第三个阶段的热降解过程，说明阻燃剂 DMMP、TDCP 的加入，对改性聚氨酯硬泡的炭化速率影响不大。上述分析表明，阻燃剂 DMMP、TDCP 通过在较低温度下的提前分解产生有效成分，抑制了聚氨酯硬泡的热降解，但对促进成炭的影响不大。

3.3.2 气相 FT-IR 分析

1. 3D 谱图

图 3-16、图 3-17、图 3-18 分别为 PUF、DMMP/TDCP-PUF（20）、DMMP/TDCP-PUF（30）在解热过程中产物的 3D TG-FTIR 谱图。

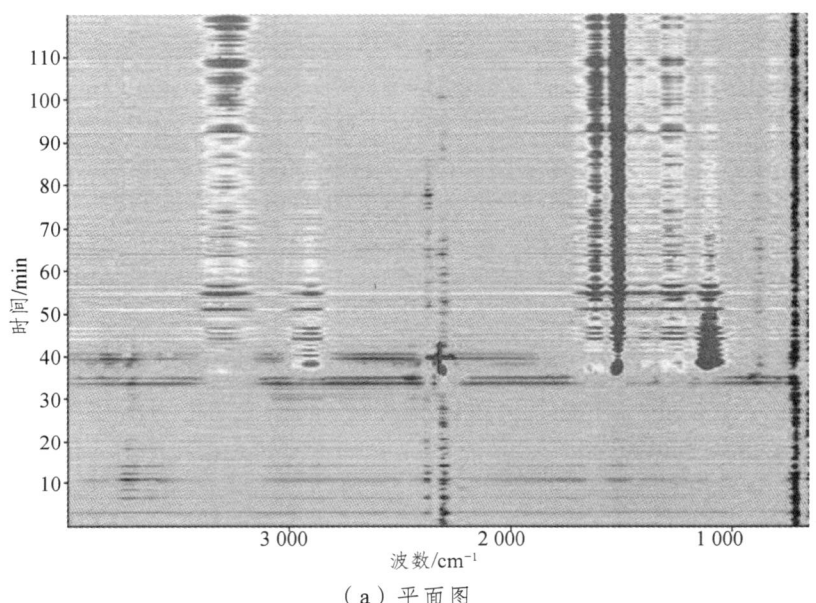

(a)平面图

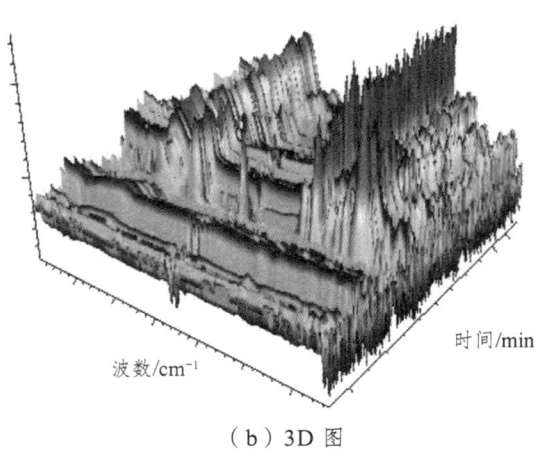

(b)3D 图

图 3-16 PUF 的 3D TG-FTIR 谱图

3.3 DMMP/TDCP-PUF 阻燃机理及燃烧产物研究

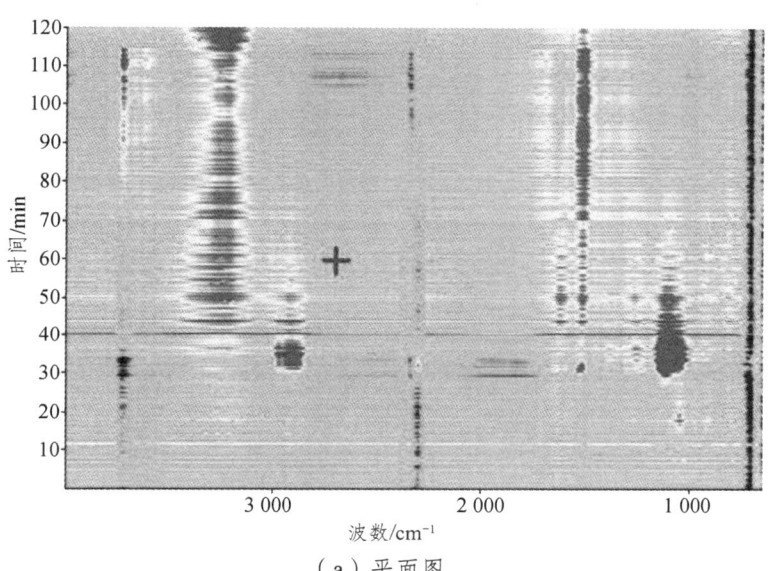

（a）平面图

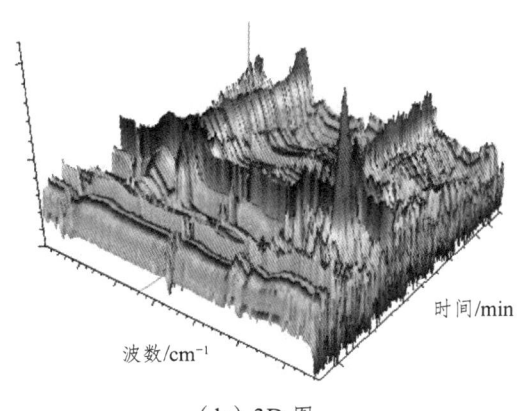

（b）3D 图

图 3-17　DMMP/TDCP-PUF（20）的 3D TG-FTIR 谱图

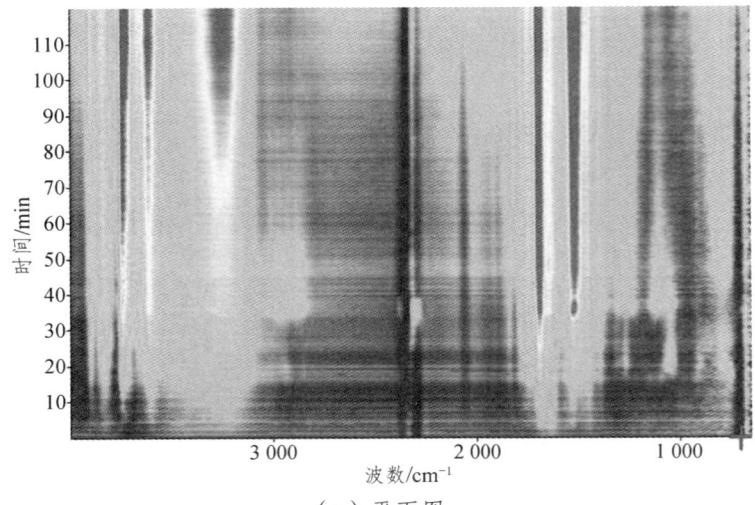

（a）平面图

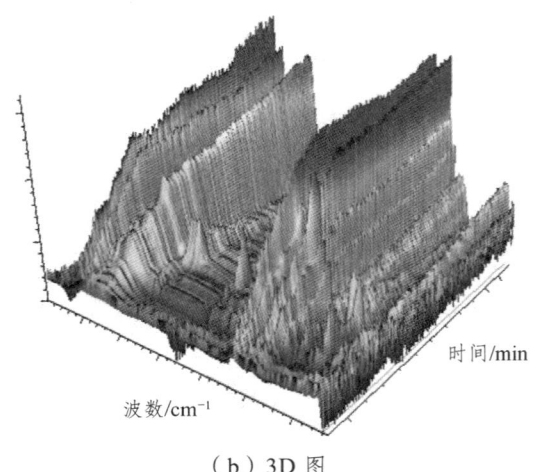

（b）3D 图

图 3-18 DMMP/TDCP-PUF（30）的 3D TG-FTIR 谱图

如图所示 DMMP/TDCP-PUF 在解热过程中产物的 3D TG-FTIR 光谱图，与 PUF 的 3D TG-FTIR 光谱图相比，甲基和亚甲基（2 854～2 986 cm^{-1}）及甲基变形振动的范围（1 370～1 450 cm^{-1}）消失，烷烃产生大量减少，—N—H 的减弱，DMMP 及 TDCP 的加入减少了胺类物质的产生。随着 DMMP、TDCP 加入量的不同，DMMP/TDCP-PUF（20）在烯烃类 C=C（1 600～1 658 cm^{-1}）产生波峰。由此可知，随着 DMMP 及 TDCP 添加量的增大，聚氨酯硬泡热解产生的胺类、烷烃类产生量减少。

2. DTG 的极值点对应温度的红外图

图 3-19、图 3-20、图 3-21 分别是 PUF、DMMP/TDCP-PUF（20）及 DMMP/TDCP-PUF（30）在热失重峰所对应的红外曲线图（即 DTG 极值点所对应的红外图）。

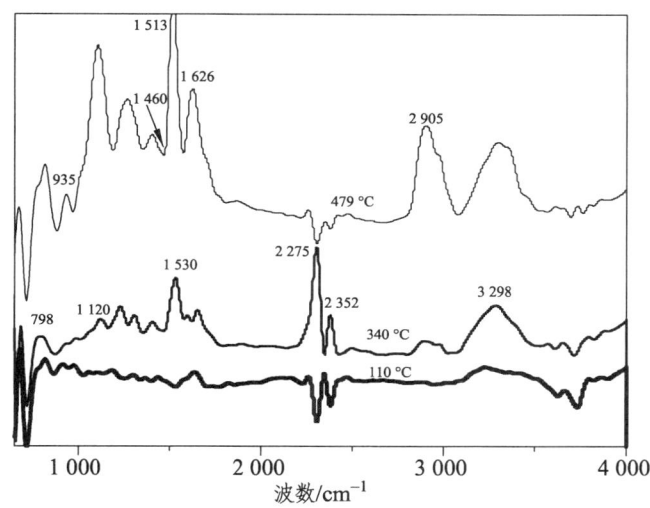

图 3-19　PUF 分解率最大时的红外谱图

PUF 的热降解在前一节已具体分析，在此不再介绍。图 3-20 是 DMMP/TDCP-PUF（20）分别在 157 ℃、334 ℃、477 ℃ 下的红外谱图。157 ℃ 下主要红外特征峰分别归属为有机磷卤化合物（C—C 1 442 cm^{-1}、P=O 1 256 cm^{-1}、P—C—O 1 043 cm^{-1}、P—O 763 cm^{-1}、C—C 1 688 cm^{-1}）。这些官能团说明 DMMP 及 TDCP 在气相中被检测到。这些符合 TG/DTG 曲线中在第一阶段热失重较大。334 ℃ 时，P—O（763 cm^{-1}）、P—C—O（1 043 cm^{-1}）、C—C（1 442 cm^{-1}）消失，说明 DMMP 与 TDCP 在此温度下发生分解反应；同时产生 NCO（2 279 cm^{-1}）、N—H 变形振动（1 530 cm^{-1}）、C—N（1 113 cm^{-1}），说明此阶段产生异氰酸酯发生分解。结合 3D 谱图，此阶段胺类、含苯环及烯烃类化合物大量产生，说明 DMMP 及 TDCP 在第二阶段的阻燃作用不明显。温度升高至 447 ℃ 时，NCO（2 279 cm^{-1}）、N—H 变形振动（1 530 cm^{-1}）、C—N（1 113 cm^{-1}）减弱。在整个过程中 C—Cl（688 cm^{-1}）峰值几乎没有变化，并且没有检测到 HCl 气体，可以推测，DMMP/TDCP-PUF（20）高聚物中 DMMP 与 TDCP 的协同阻燃作用较小。

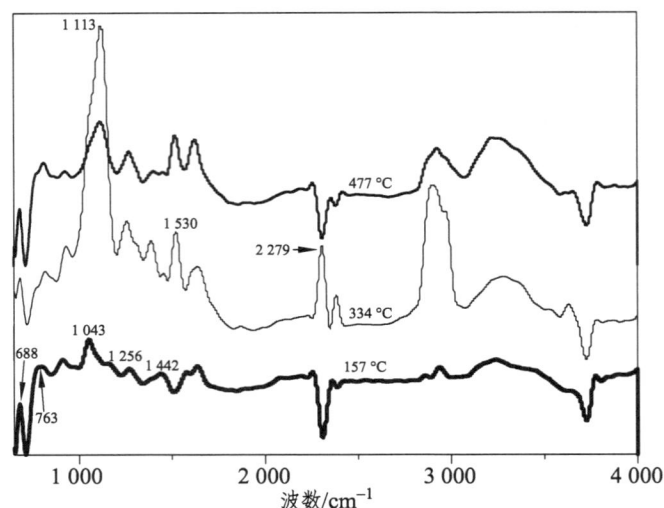

图 3-20 DMMP/TDCP-PUF（20）分解率最大时的红外谱图

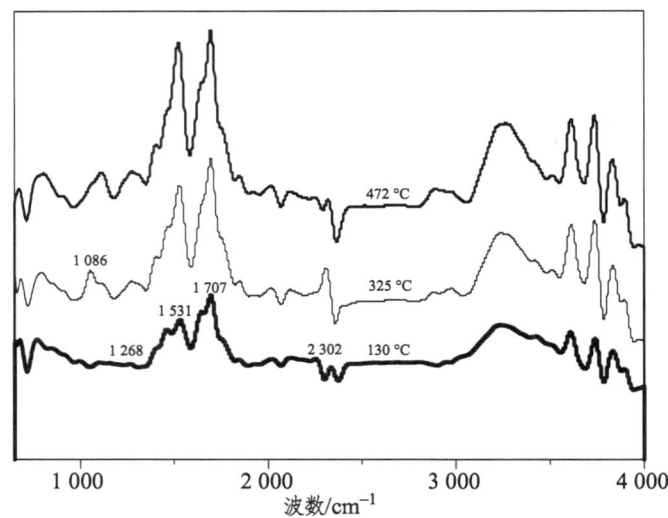

图 3-21 DMMP/TDCP-PUF（30）分解率最大时的红外谱图

图 3-21 为 DMMP/TDCP-PUF（30）分别在 130 ℃、325 ℃、472 ℃ 下的红外谱图。从图中可以看出，随着温度的升高，谱图中峰值变化不大。主要特征峰归属于有机磷化合物（P—H 2 302 cm^{-1}、P=O 1 268 cm^{-1}）、C=O（1 707 cm^{-1}）、N—H 的变形振动（1 531 cm^{-1}）、C—N（1 086 cm^{-1}），结合 TG/DTG 图中成炭量的大小，可以推测，DMMP 与 TDCP 的联用时凝聚相阻燃作用不明显。

3. 挥发性产物的 TG-FTIR 特性

图 3-22 为 PUF 和 DMMP/TDCP-PUF（30）受热过程中含苯环化合物的生成趋势图。由图可知，PUF 在 285～400 ℃ 及 400～600 ℃，均出现一个峰值，趋势和 DTG 曲线相似，说明聚氨酯硬泡热降解的第二、第三阶段均产生含苯环基团的化合物。高聚物受热时，DMMP/TDCP-PUF（30）在 310 ℃ 开始产生含苯环化合物，较 PUF 产生含苯环化合物早，说明 DMMP、TDCP 的加入改变了聚氨酯硬泡的分解方式，热解提前说明 DMMP、TDCP 对聚氨酯硬泡的催化作用，这是由于 DMMP 和 TDCP 受热首先发生脱磷酸，酸催化聚合物脱水和重排交联炭化反应。在 310 ℃ 以后，对含苯环化合物的抑制作用不明显。

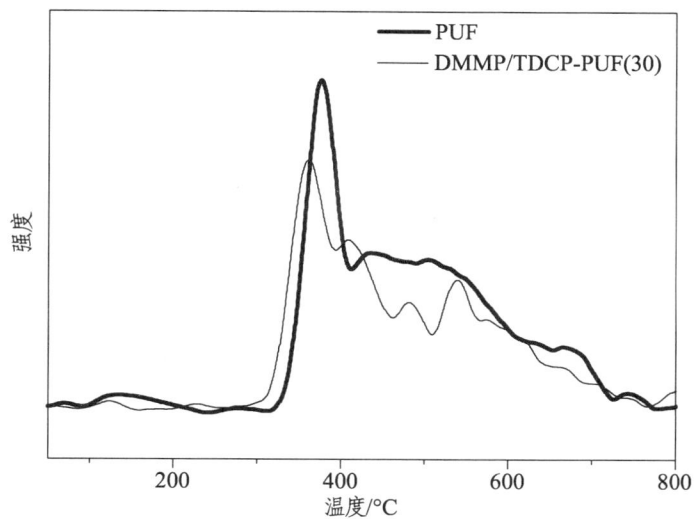

图 3-22　含苯环基团化合物的浓度与时间的关系图

图 3-23 为 PUF 和 DMMP/TDCP-PUF（30）受热过程中含—C═C 基团化合物的生成趋势图。PUF 中含—C═C 基团化合物在 285～400 ℃ 及 400～600 ℃ 均出现一个峰值，趋势和 DTG 曲线相似，可推测聚氨酯硬泡分解的第二、第三阶段均产生含—C═C 基团的化合物。与含苯类化合物相同，DMMP/TDCP-PUF（30）在受热过程中，在 310 ℃ 开始产生—C═C 基团化合物，并且较 PUF 在 285～400 ℃ 时的分解阶段，DMMP/TDCP-PUF（30）在此阶段的热降解过程延长，说明 DMMP、TDCP 的加入改变了聚氨酯硬泡的分解方式。在 500～800 ℃ 过程中，DMMP 与 TDCP 对含—C═C 基团化合物产生的抑制作用增强。

56　第三章　阻燃硬泡聚氨酯（复合发泡）的阻燃机理与燃烧产物分析

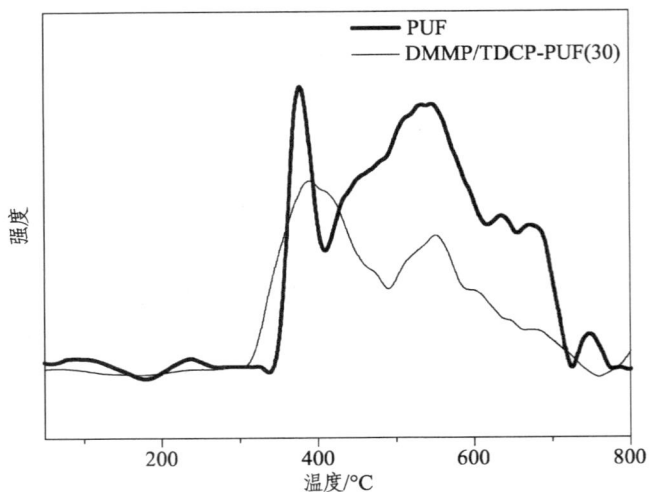

图 3-23　含—C＝C 基团化合物的浓度与时间的关系图

图 3-24 为 PUF 和 DMMP/TDCP-PUF（30）热降解过程中含—NCO 基团化合物生成趋势图。—NCO 基团的生成趋势反映了异氰酸酯的分解强度。从图中看出，PUF 热降解过程中，—NCO 的分解有一个主要的过程，即第二阶段（285~400 ℃），在其后过程已趋于稳定。这说明异氰酸酯在第二阶段已基本完成，这也符合红外谱图分析中得出的结论。DMMP/TDCP-PUF（30）中含—NCO 基团化合物的生成趋势与 PUF 的相似，和之前两种基团分析相似，较 PUF 的产生提前，在第二阶段中，峰值减弱，说明 DMMP 抑制了异氰酸酯的分解。

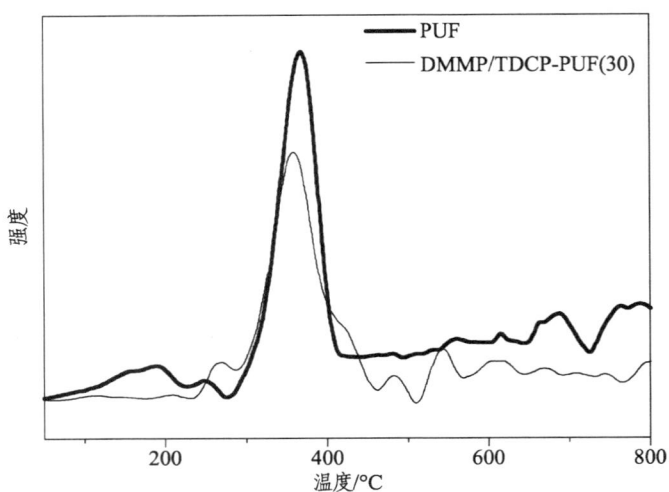

图 3-24　含—NCO 基团化合物的浓度与时间的关系图

图 3-25 为 PUF 和 DMMP/TDCP-PUF（30）热降解过程中含水的生成趋势图。水的生成一方面反映了 DMMP、TDCP 的分解作用，一方面反映了多元醇的热解速度。从图中可以看出，PUF 在热降解过程中，在 200～300 ℃、330～800 ℃ 分别有一个峰值，第一个峰值主要是 PUF 热降解过程中水分的挥发，第二个峰值主要是多元醇分解产生的。DMMP/TDCP-PUF（30）热降解中在约 160 ℃ 就有一个峰值，较 PUF 提前，这是由于 DMMP、TDCP 分解温度较低，其脱水生成聚磷酸造成的。在 400 ℃ 之后，DMMP-PUF（30）在热降解过程中，水分略有减少，说明 DMMP 抑制了多元醇的分解。

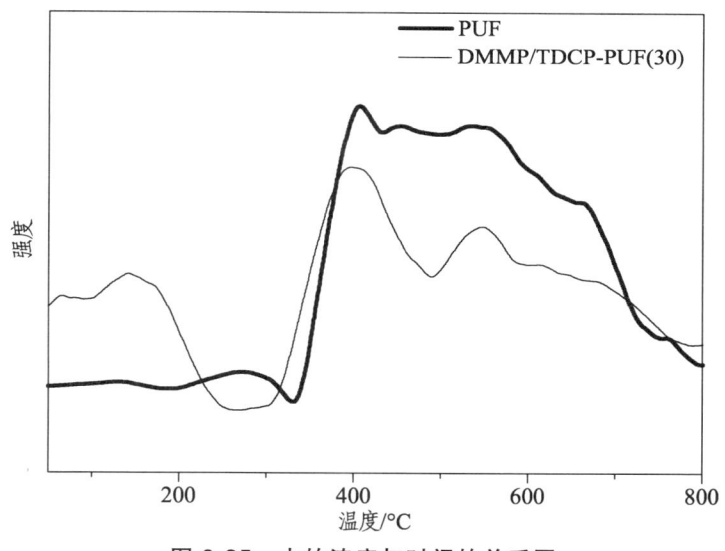

图 3-25　水的浓度与时间的关系图

3.4　DMMP/TCPP-PUF 阻燃机理及燃烧产物研究[23]

3.4.1　热重分析

图 3-26、图 3-27 分别为未阻燃聚氨酯硬泡（PUF），阻燃剂 DMMP、TCPP 分别为 14 份、6 份的阻燃聚氨酯硬泡[DMMP/TCPP-PUF（20）]以及阻燃剂 DMMP、TCPP 分别为 21 份、9 份的阻燃聚氨酯硬泡[DMMP/TCPP-PUF（30）]在氮气氛围中的 TG 曲线图和 DTG 曲线图。

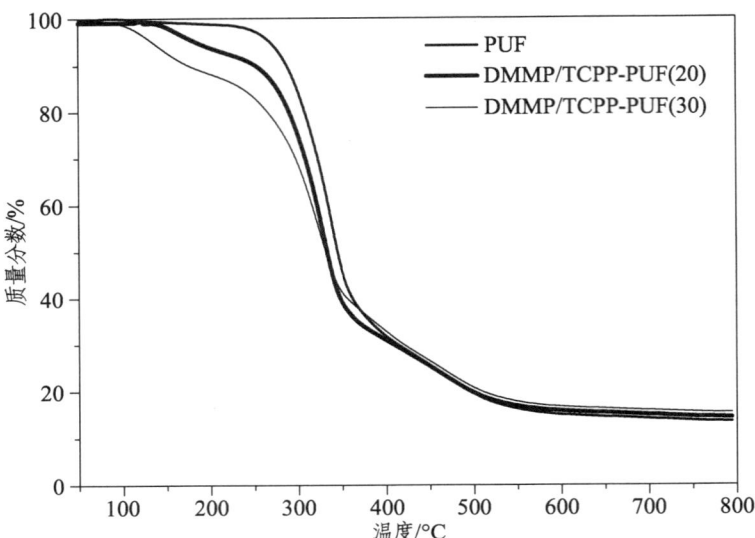

图 3-26　PUF、DMMP/TCPP-PUF（20）、DMMP/TCPP-PUF（30）的 TG 曲线图

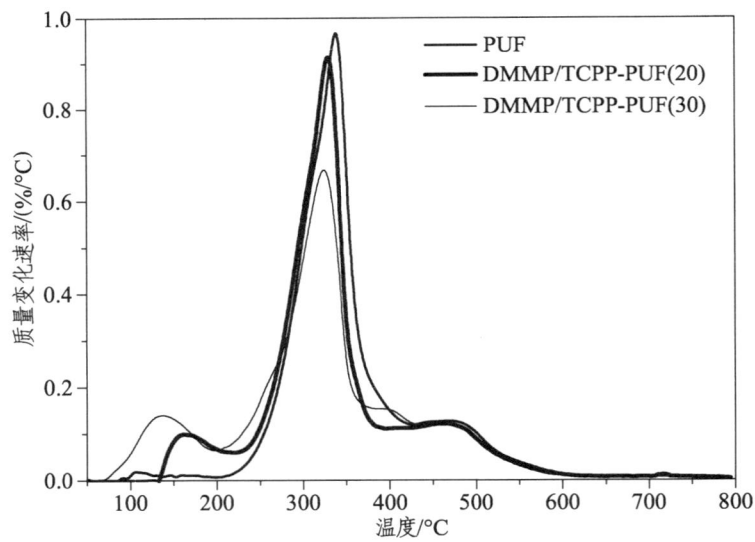

图 3-27　PUF、DMMP/TCPP-PUF（20）、DMMP/TCPP-PUF（30）的 DTG 曲线图

从 TG 曲线可以看出，未添加阻燃剂的 PUF 的初始分解温度（热失重率为 10%所对应温度）为 285 ℃，随着阻燃剂 DMMP、TCPP 添加量的增加，高聚物的初始分解温度降低。阻燃剂 DMMP、TCPP 添加量为 20 份时，初始分解温度为 251 ℃；添加量为 30 份时，初始分解温度最低，为 175 ℃。此现象是

由于 P—O—C 键稳定性小于常见的 C—C 键，使得 DMMP/TCPP 改性聚氨酯硬泡的初始分解温度向低温区移动。在 800 ℃ 时，未阻燃聚氨酯的残炭量为 14.1%，当 DMMP/TCPP 含量为 20 份时，残炭量为 15.1%，DMMP/TCPP 含量为 30 份时，残炭量增加，为 15.9%，随着阻燃剂含量的增加，聚氨酯体系的热稳定性提高。由上述分析可知，磷卤阻燃剂联用提高了聚氨酯体系的热稳定性，随着阻燃剂含量的增加，体系的热稳定性减弱。

由 DTG 曲线可知，PUF 在 50～800 ℃ 的温度区间有 3 个热失重峰，分别对应 3 个热分解阶段，第一阶段为 50～285 ℃，第二阶段为 >285～400 ℃，第三阶段为 400～600 ℃。当加入阻燃剂 DMMP/TCPP 时，DMMP/TCPP-PUF（20）和 DMMP/TCPP-PUF（30）仍有 3 个热失重峰，但较 PUF 而言，热失重峰峰值和峰面积都发生变化。其中 DMMP/TCPP-PUF（30）的第一个热失重峰峰值及面积明显增加，这部分热失重不仅包括 C—O 键的断裂、水分及助剂的损失，还包含较低温度下阻燃剂 DMMP、TCPP 的热分解过程。DMMP/TCPP-PUF 曲线中的后两个热失重峰所对应温度区间较 PUF 几乎没有变化，说明阻燃剂 DMMP 对聚氨酯硬泡的热降解历程影响较小。样品 DMMP/TCPP-PUF 曲线中第二个热失重峰的峰值降低，这说明在聚氨酯硬泡体系中添加阻燃剂 DMMP、TCPP 能有效抑制材料在高温下的热降解反应；在第三个热失重峰中，热失重峰值变化不大，说明阻燃剂 DMMP、TCPP 的加入，对改性聚氨酯硬泡的炭化速率影响不明显。上述分析表明，阻燃剂 DMMP、TCPP 通过在较低温度下的提前分解产生有效成分，有效地抑制了聚氨酯硬泡的热降解，对成炭率影响不大。

3.4.2　气相 FT-IR 分析

1. 3D 谱图

图 3-28、图 3-29、图 3-30 分别为 PUF、DMMP/TCPP-PUF（20）、DMMP/TCPP-PUF（30）在解热过程中产物的 3D TG-FTIR 谱图。

如图所示分别为 PUF、DMMP/TCPP-PUF（20）、DMMP/TCPP-PUF（30）在解热过程中的 3D TG-FTIR 光谱图。由谱图波峰颜色及波段可知：PUF 在热解过程中产生醚基 C—O—C 或酯基（1 050～1 150 cm^{-1}）、—C—N 或酯基（1 220～1 320 cm^{-1}）、甲基的变形振动（1 370～1 450 cm^{-1}）、苯环骨架振动（1 485～1 540 cm^{-1}）、—C═C（1 595～1 655 cm^{-1}）、—NCO（2 250～2 300 cm^{-1}）、甲基和亚甲基伸缩振动（2 854～2 986 cm^{-1}）以及—NH（3 180～3 400 cm^{-1}），并且在 3 700 cm^{-1} 附近很微弱的波峰区域。

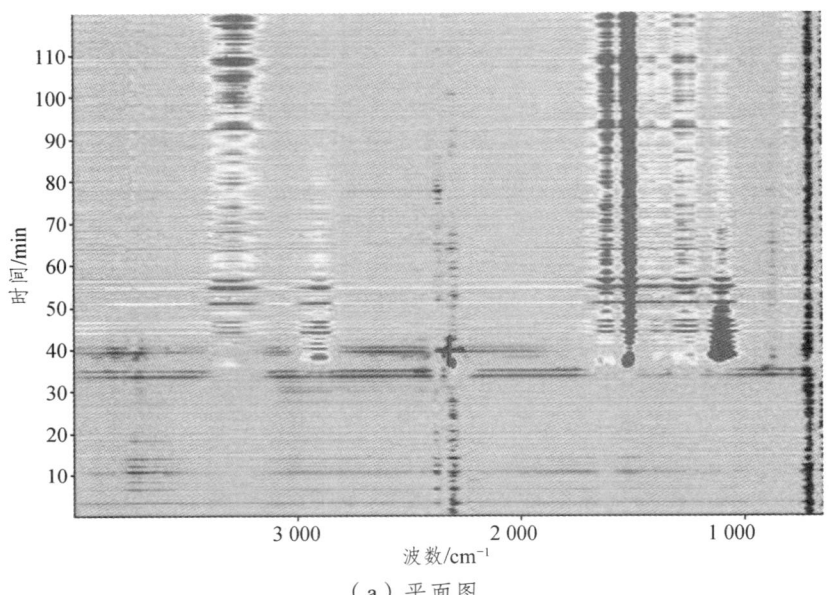

(a)平面图

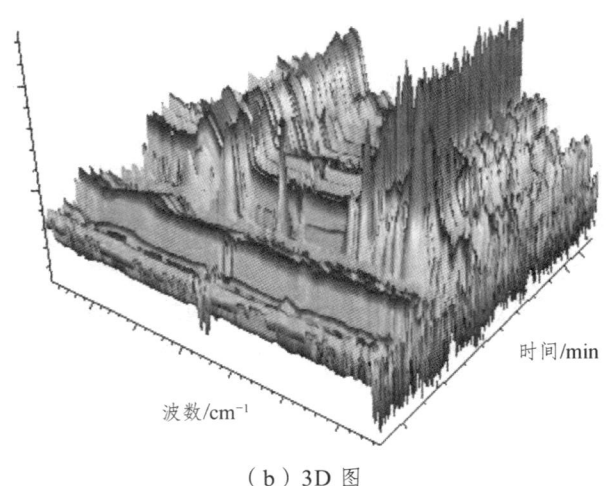

(b)3D 图

图 3-28　PUF 的 3D TG-FTIR 谱图

3.4 DMMP/TCPP-PUF 阻燃机理及燃烧产物研究

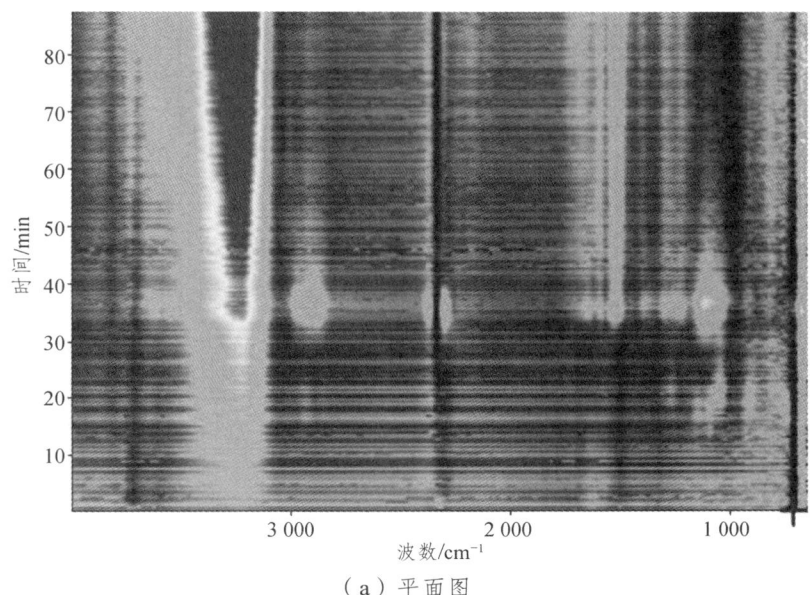

（a）平面图

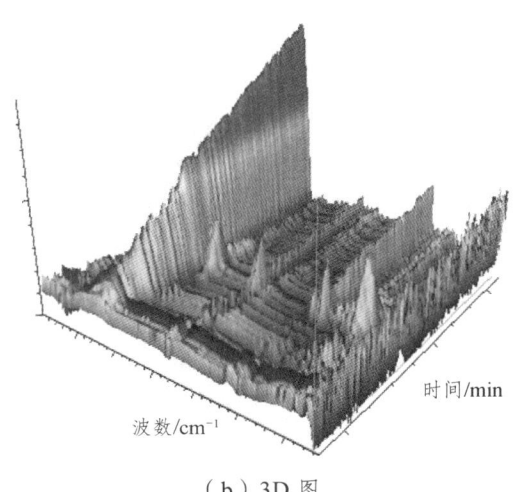

（b）3D 图

图 3-29 DMMP/TCPP-PUF（20）的 3D TG-FTIR 谱图

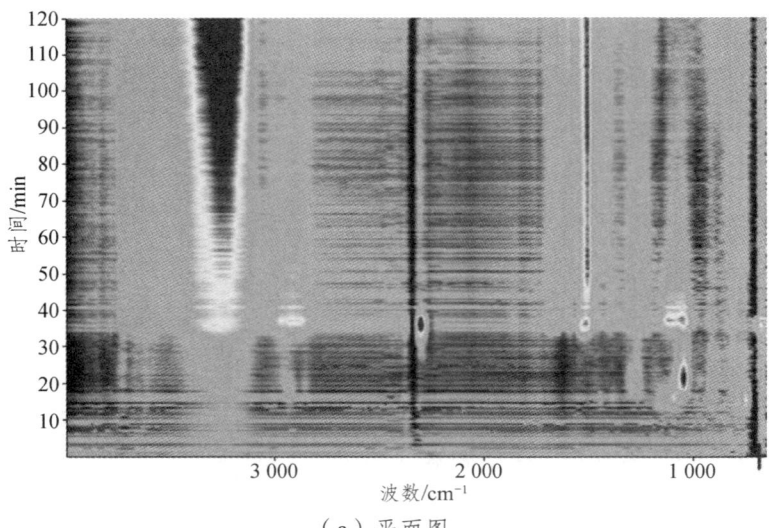

（a）平面图

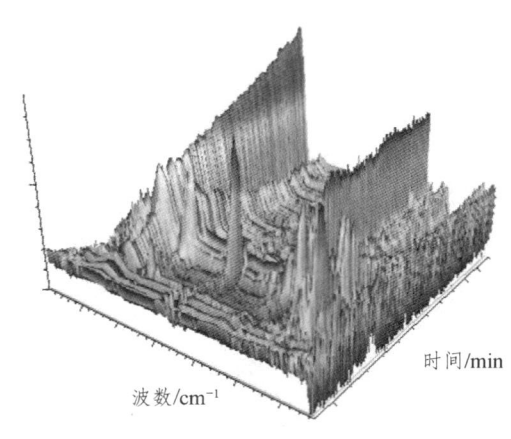

（b）3D 图

图 3-30　DMMP/TCPP-PUF（30）的 3D TG-FTIR 谱图

与 PUF 的 3D TG-FTIR 光谱图相比，DMMP/TCPP-PUF（20）、DMMP/TCPP-PUF（30）甲基和亚甲基伸缩振动（2 860~2 992 cm^{-1}）、C=C（1 595~1 655 cm^{-1}）和苯环骨架振动（1 485~1 540 cm^{-1}）明显减弱，但是—NH（3 180~3 400 cm^{-1}）的振动加强。DMMP/TCPP-PUF 中随着 DMMP 和 TCPP 量的增加，苯环骨架（1 485~1 540 cm^{-1}）振动加强。

2. DTG 的极值点对应温度的红外图

图 3-31、图 3-32、图 3-33 分别是 PUF、DMMP/TCPP-PUF（20）及 DMMP/TCPP-PUF（30）在热失重峰所对应的红外曲线图（即 DTG 极值点所对应的红外图）。

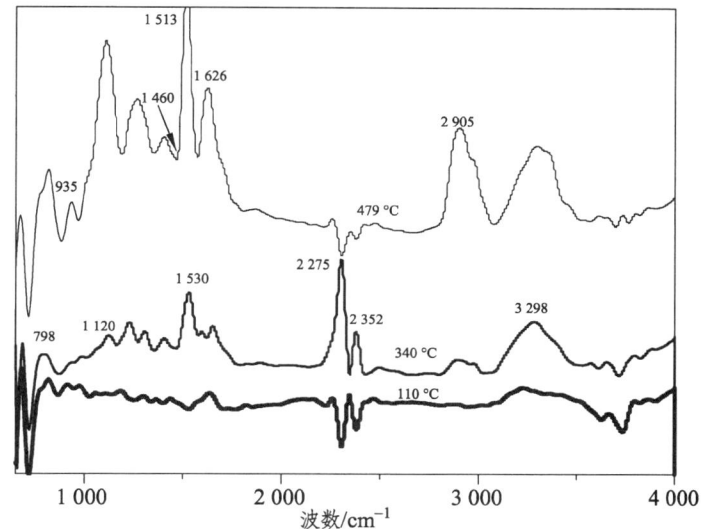

图 3-31　PUF 分解率最大时的红外谱图

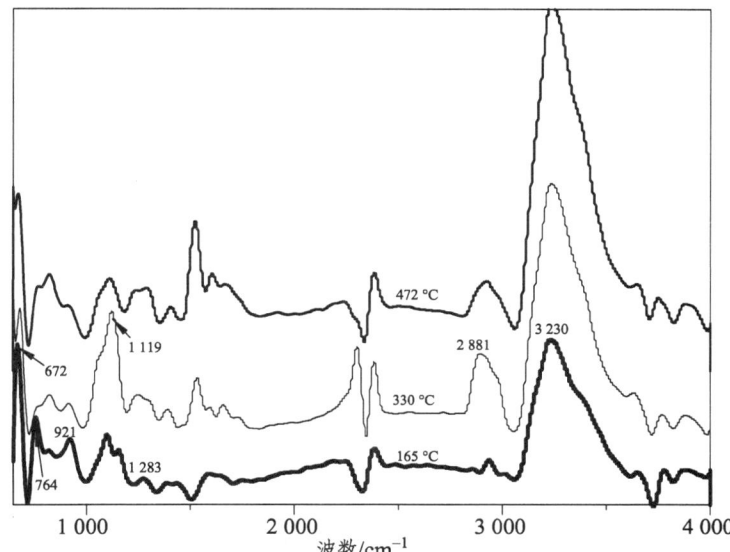

图 3-32　DMMP/TCPP-PUF（20）分解率最大时的红外谱图

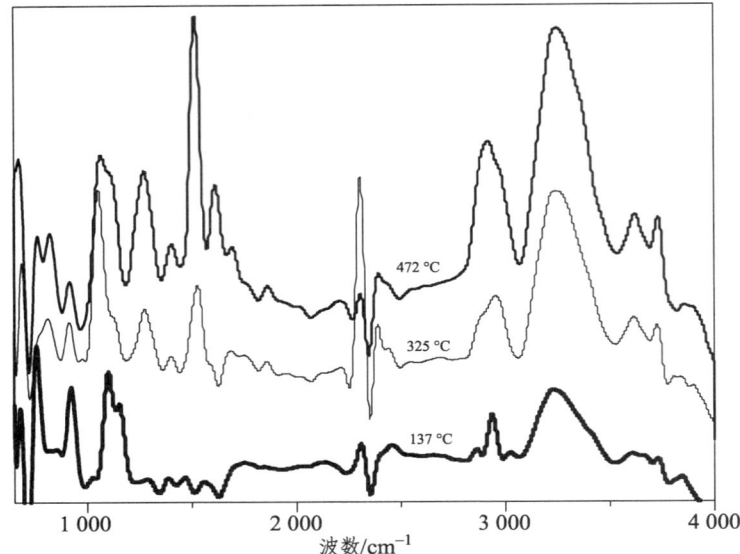

图 3-33 DMMP/TCPP-PUF（30）分解率最大时的红外谱图

图 3-32 为 DMMP/TCPP-PUF（20）分别在 165 ℃、330 ℃、472 ℃ 时的红外谱图。在 165 ℃ 出现的主要特征峰归属于有机磷化合物（R_3PO）（P=O 1 283 cm^{-1}、P—C 921 cm^{-1}、P—O 764 cm^{-1}、C—Cl 672 cm^{-1}）、N—H 3 230 cm^{-1}。这可能是 DMMP 和 TCPP 挥发被检测到的官能团。330 ℃ 时，C—Cl（672 cm^{-1}）峰值减小，HCl（2 881 cm^{-1}）、N—H（3 230 cm^{-1}）、C—N（1 119 cm^{-1}）增大，说明异氰酸酯分解成大量的胺类物质，而 TCPP 中氯原子可能转变成了 HCl 气体。在 472 ℃ 时，峰值及波段变化不大，在此高温下，残余物继续炭化。

图 3-33 为 DMMP/TCPP-PUF（30）分别在 137 ℃、325 ℃、472 ℃ 时的红外谱图。137 ℃ 时，出现的主要特征峰归属于有机磷卤化合物（P=O 1 283 cm^{-1}、P—C 929 cm^{-1}、C—Cl 672 cm^{-1}）、N—H 3 230 cm^{-1}。325 ℃ 时，NCO（2 278 cm^{-1}）、NH（3 236 cm^{-1}、1 530 cm^{-1}）增强，P—O（768 cm^{-1}）减弱，说明 DMMP 和 TCPP 发生了热解，异氰酸酯生成了大量的胺类。结合 3D 红外谱图中产物的种类及生成量，可以推测 DMMP 与 TCPP 的联用抑制了聚合物的分解，并且气相阻燃起到了一定的作用。

3. 挥发性产物的 TG-FTIR 特性

图 3-34 为 PUF 和 DMMP/TCPP-PUF（30）受热过程中含苯环化合物的生

成趋势图。由图可知，PUF 在 285~400 ℃ 及 400~600 ℃，均出现一个峰值，趋势和 DTG 曲线相似，说明聚氨酯硬泡热降解的第二、第三阶段均产生含苯环基团的化合物。高聚物受热时，DMMP/TCPP-PUF（30）在 285~400 ℃ 时，含苯环化合物的生成量较 PUF 减少，400~600 ℃ 时的生成量变化不大，说明 DMMP、TCPP 的加入抑制了第二阶段含苯环基团化合物的产生，第三阶段阻燃作用不明显。

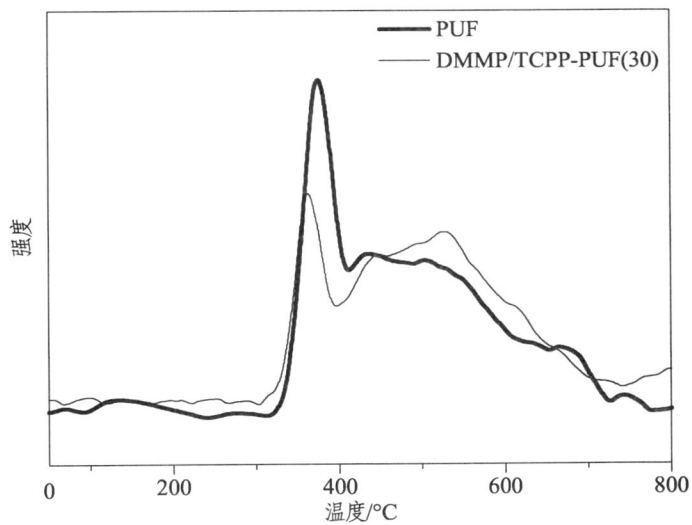

图 3-34 含苯环基团化合物的浓度与时间的关系图

图 3-35 为 PUF 和 DMMP/TCPP-PUF（30）受热过程中含—C≡C 基团化合物的生成趋势图。PUF 中含—C≡C 基团化合物在 285~400 ℃ 及 400~600 ℃ 均出现一个峰值，趋势和 DTG 曲线相似，可推测聚氨酯硬泡分解的第二、第三阶段均产生含—C≡C 基团的化合物。DMMP/TCPP-PUF（30）在 285~400 ℃ 时产生很少量含—C≡C 基团的化合物，第三阶段和 PUF 产生量相差不多，说明 DMMP 和 TCPP 抑制了含—C≡C 基团化合物的生成。这可能和 DMMP、TCEP 的气相阻燃作用有关。有研究磷和卤素在高温条件下产生 PX_3、POX_3、PX_5 等卤磷化合物。

图 3-36 为 PUF 和 DMMP/TCPP-PUF（30）受热过程中含—NCO 基团化合物的生成趋势图。—NCO 的产生规律显示了异氰酸酯的分解规律。从图中看出，—NCO 的分解主要在 400 ℃ 之前进行，结合 DTG 图，即聚氨酯第二分解阶段。DMMP/TCPP-PUF（30）中—NCO 的产量和 PUF 相差不大，红外谱图

中分析得知异氰酸酯生成了大量的胺类物质。

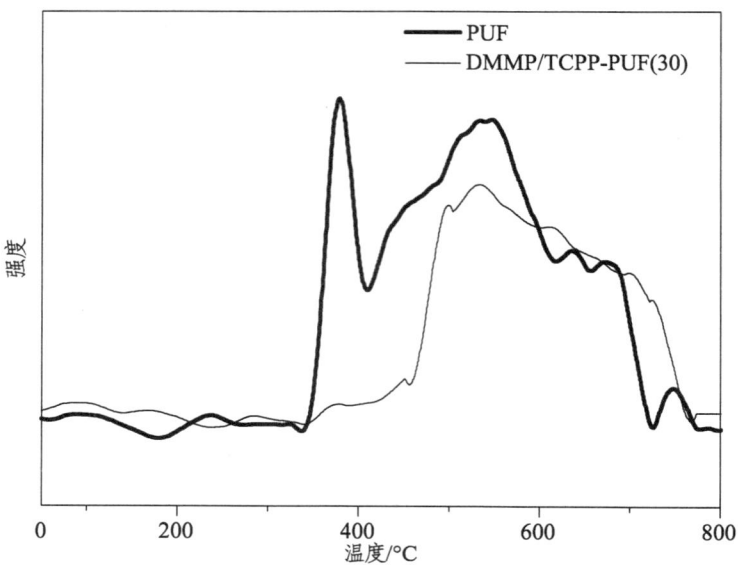

图 3-35　含—C═C 基团化合物的浓度与时间的关系图

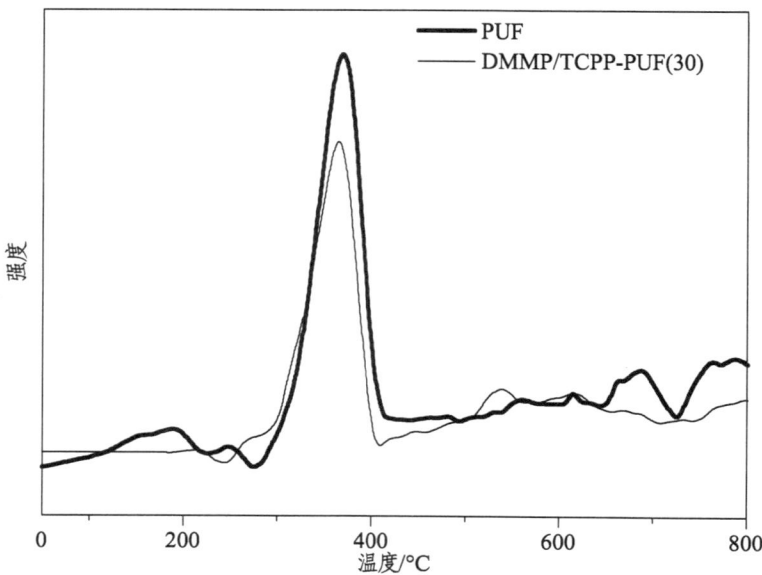

图 3-36　含—NCO 基团化合物的浓度与时间的关系图

3.5 DMMP/TCEP-PUF 阻燃机理及燃烧产物研究   67

图 3-37 为 PUF 和 DMMP/TCPP-PUF（30）热降解过程中含水的生成趋势图。水的生成一方面反映了阻燃剂的分解作用，一方面反映了多元醇的热解速度。从图中可以看出，PUF 在热降解过程中，在 200～300 ℃、330～800 ℃ 分别有一个峰值，第一个峰值主要是 PUF 热降解过程中水分的挥发，第二个峰值主要是多元醇分解产生的。DMMP/TCPP-PUF（30）热降解过程中，在 200～300 ℃、330～800 ℃ 也分别有一个峰值，第一个峰值的产生是由于阻燃剂热分解产生水造成的，第二阶段中 DMMP/TCPP-PUF（30）热解过程中水的释放量较 PUF 相差不大。

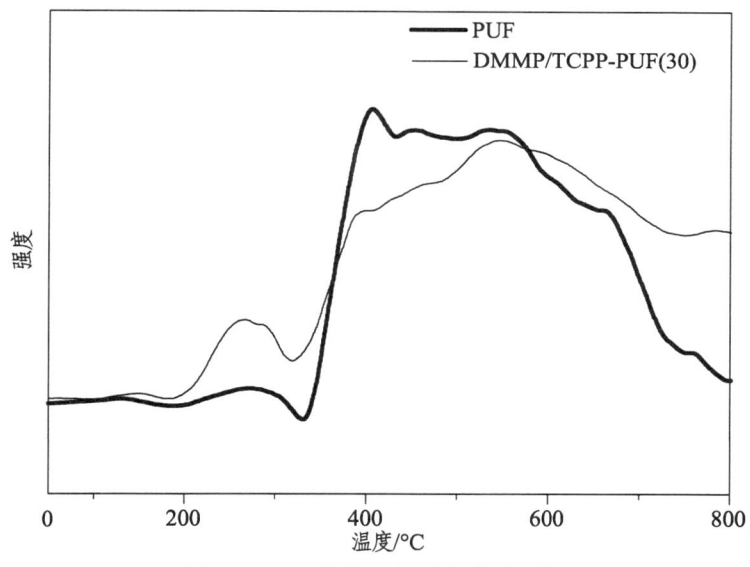

图 3-37 水的浓度与时间的关系图

3.5 DMMP/TCEP-PUF 阻燃机理及燃烧产物研究[24]

3.5.1 热重分析

图 3-38、图 3-39 分别为未阻燃聚氨酯硬泡（PUF），阻燃剂 DMMP、TCEP 分别为 14 份、6 份的阻燃聚氨酯硬泡[DMMP/TCEP-PUF（20）]以及阻燃剂 DMMP、TCEP 分别为 21 份、9 份的阻燃聚氨酯硬泡[DMMP/TCEP-PUF（30）]在氮气氛围中的 TG 曲线图和 DTG 曲线图。

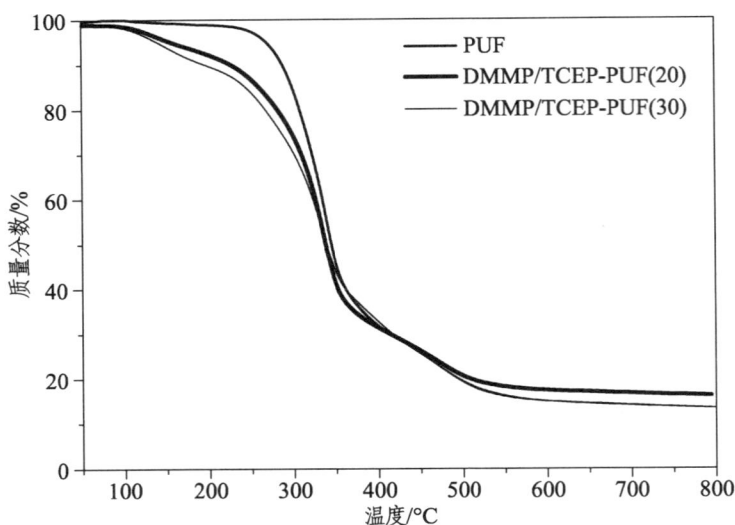

图 3-38 PUF、DMMP/TCEP-PUF（20）、DMMP/TCEP-PUF（30）的 TG 曲线图

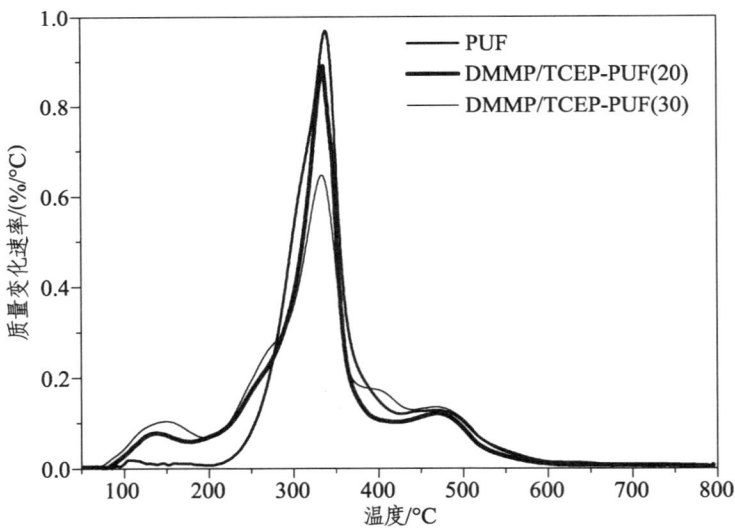

图 3-39 PUF、DMMP/TCEP-PUF（20）、DMMP/TCEP-PUF（30）的 DTG 曲线图

由 TG 曲线可知，未添加阻燃剂时 PUF 的初始分解温度（热失重率为 10% 所对应温度）为 285 ℃，随着阻燃剂 DMMP、TCEP 添加量的增加，材料的初始分解温度降低。阻燃剂 DMMP、TCEP 添加量为 20 份时，初始分解温度为 223 ℃；添加量为 30 份时，初始分解温度最低，为 190 ℃。此现象是由于含

磷阻燃剂 DMMP、TCEP 中 P—O—C 化学键的键能低于常见的 C—C 的键能，在较高温下会分解为磷酸类化合物，使得 DMMP/TCEP 改性聚氨酯硬泡材料的初始分解温度向低温区移动。随着聚氨酯硬泡体系中阻燃剂 DMMP、TCEP 含量增加，材料在 800 °C 时，未阻燃聚氨酯的残炭量为 14.1%；当 DMMP/TCEP 含量为 20 份时，残炭量最高，为 16.7%；DMMP/TCEP 含量为 30 份时，残炭量为 14.0%。DMMP 含磷 25%，TCEP 含磷 10.8%。计算可得 DMMP/TCEP-PUF（20）含磷 1.4%，DMMP/TCEP-PUF（30）含磷 2.1%。当磷-卤联用时，含 1% 左右的磷阻燃效果较佳。由此可知，随着阻燃剂含量的增加，聚氨酯体系的热稳定性明显减弱。

由 DTG 图可知，PUF 在 50~800 °C 的温度区间有 3 个热失重峰，分别对应 3 个热分解阶段，其中第一个阶段为 50~285 °C，第二个阶段为>285~400 °C，第三阶段为>400~600 °C。当加入阻燃剂 DMMP、TCEP 时，DMMP-PUF（20）和 DMMP-PUF（30）仍有 3 个热失重峰，但较 PUF 而言，热失重峰峰值和峰面积都发生变化。其中 DMMP/TCEP-PUF（30）曲线中第一个热失重峰峰面积及峰值明显增加，这是由于阻燃剂 DMMP、TCEP 的提前分解导致 DMMP/TCEP-PUF 热降解的初始阶段不仅包括 C—O 键的断裂、水分及助剂的损失，还包含较低温度下阻燃剂 DMMP、TCEP 的热分解过程。DMMP/TCEP-PUF 曲线中的后两个热失重峰所对应温度区间几乎没有变化，说明阻燃剂 DMMP 对聚氨酯硬泡的热降解历程影响较小。样品 DMMP/TCEP-PUF（30）曲线中第二个热失重峰的峰值降低，这说明在硬泡聚氨酯体系中添加阻燃剂 DMMP、TCEP 能有效抑制材料在高温下的热降解反应。在第三个热失重峰中，DMMP/TCEP-PUF（20）的峰值及峰面积较 PUF 都减少，DMMP/TCEP-PUF（30）增加，说明 DMMP/TCEP-PUF（20）的成炭率高，也与 TG 曲线相对应。以上数据表明，阻燃剂 DMMP、TDCP 通过在较低温度下的提前分解产生有效成分，起到有效延缓硬泡聚氨酯材料的热降解历程，提高材料在高温下的热稳定的作用，具有较好的阻燃性能。

3.5.2 气相 FT-IR 分析

1. 3D 谱图

图 3-40、图 3-41、图 3-42 分别为 PUF、DMMP/TCEP-PUF（20）、DMMP/TCEP-PUF（30）在解热过程中产物的 3D TG-FTIR 谱图。

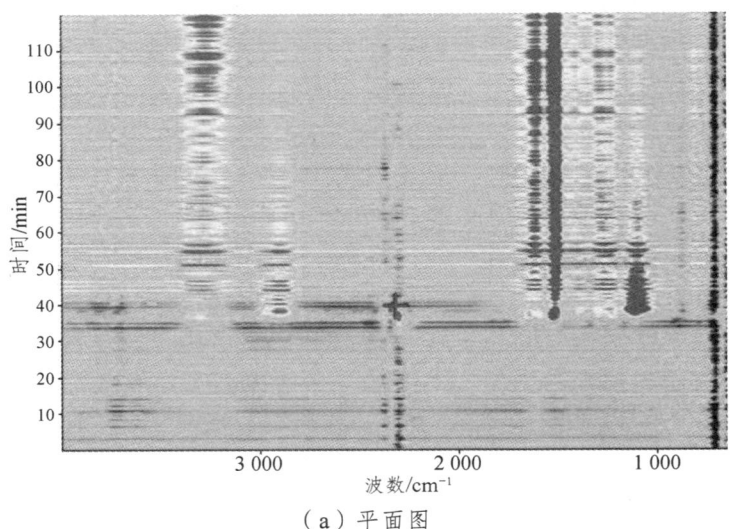

（a）平面图

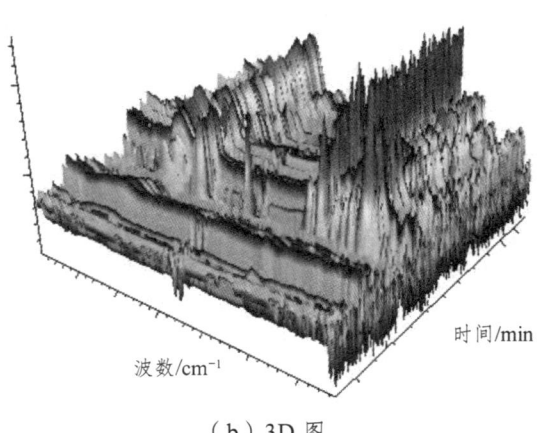

（b）3D 图

图 3-40　PUF 的 3D TG-FTIR 谱图

3.5 DMMP/TCEP-PUF 阻燃机理及燃烧产物研究

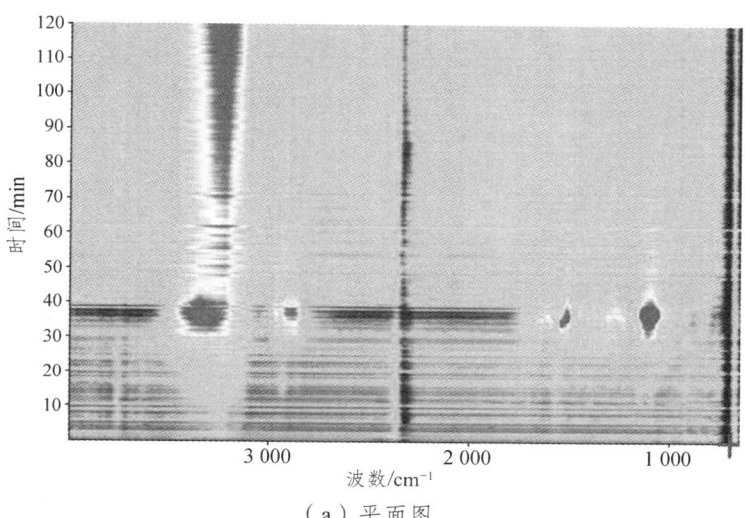

（a）平面图

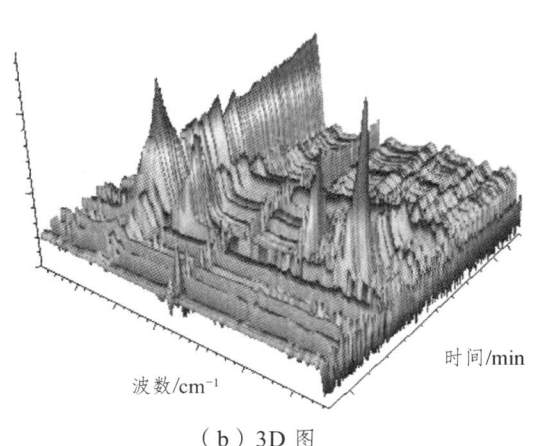

（b）3D 图

图 3-41 DMMP/TCEP-PUF（20）的 3D TG-FTIR 谱图

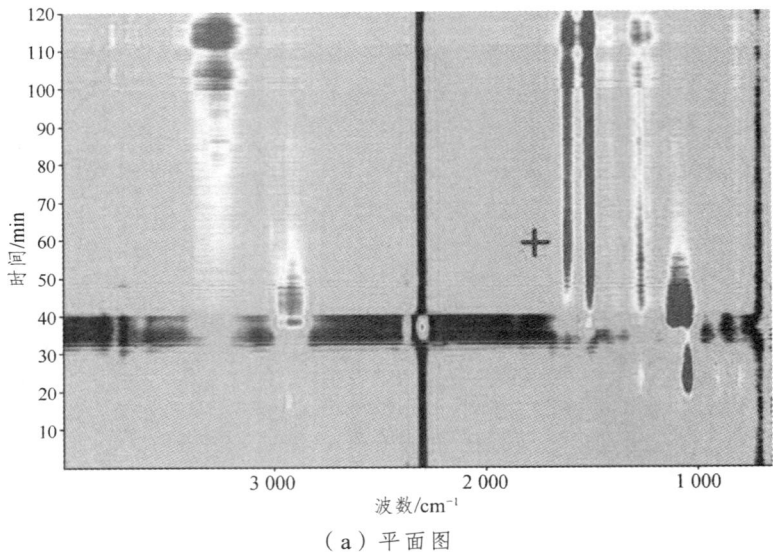

（a）平面图

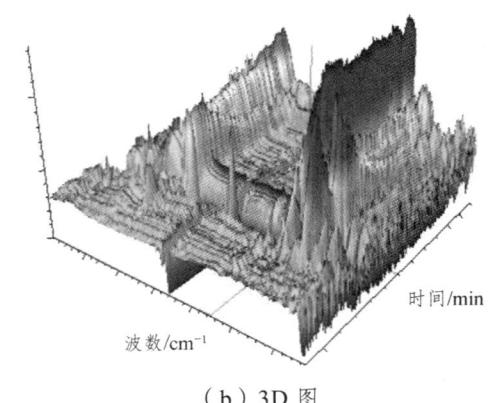

（b）3D 图

图 3-42 DMMP/TCEP-PUF（30）的 3D TG-FTIR 谱图

如图所示为 DMMP/TCEP-PUF 在解热过程中产物的 3D TG-FTIR 光谱图。与 PUF 的 3D TG-FTIR 光谱图相比，甲基和亚甲基（2 854~2 986 cm^{-1}）及甲基变形振动的范围（1 370~1 450 cm^{-1}）明显减少。DMMP/TCEP-PUF（20）中—NH（3 180~3 400 cm^{-1}）增多，醚基 C—O—C 或酯基（1 050~1 150 cm^{-1}）、—C—N 或酯基（1 220~1 320 cm^{-1}）、甲基的变形振动（1 370~1 450 cm^{-1}）、苯环骨架振动（1 485~1 540 cm^{-1}）、—C=C（1 595~1 655 cm^{-1}）、—NCO（2 250~2 300 cm^{-1}）减少，随着 DMMP 及 TCEP 阻燃剂的增加，醚基 C—O—C 或酯基（1 050~1 150 cm^{-1}）、—C—N 或酯基（1 220~1 320 cm^{-1}）、甲基的变形

3.5 DMMP/TCEP-PUF 阻燃机理及燃烧产物研究

振动（1 370~1 450 cm^{-1}）、苯环骨架振动（1 485~1 540 cm^{-1}）、—C=C（1 595~1 655 cm^{-1}）、—NCO（2 250~2 300 cm^{-1}）增多。可见在一定范围内，DMMP及 TCEP 随着加入量阻燃作用增加。这也与 TG 曲线对应，DMMP/TCEP-PUF（20）在约 420 ℃时，分解减慢，残炭量高于 DMMP/TCEP-PUF（30）。

2. DTG 的极值点对应温度的红外图

图 3-43、图 3-44、图 3-45 分别是 PUF、DMMP/TCEP-PUF（20）及 DMMP/TCEP-PUF（30）在热失重峰所对应的红外曲线图（即 DTG 极值点所对应的红外图）。

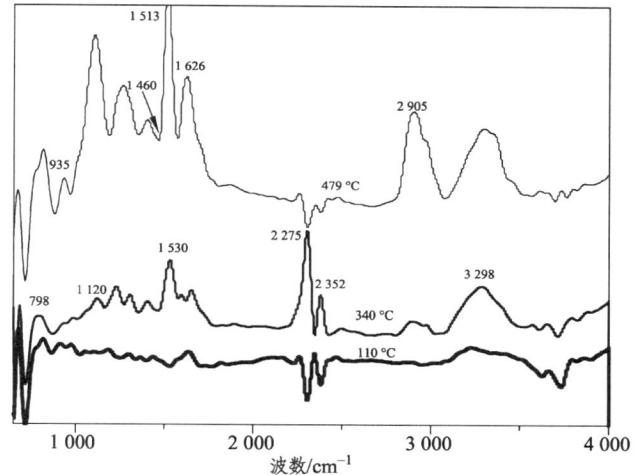

图 3-43　PUF 分解率最大时的红外谱图

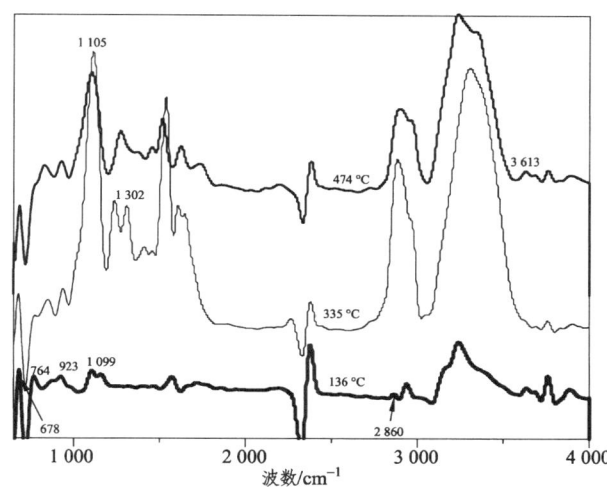

图 3-44　DMMP/TCEP-PUF（20）分解率最大时的红外谱图

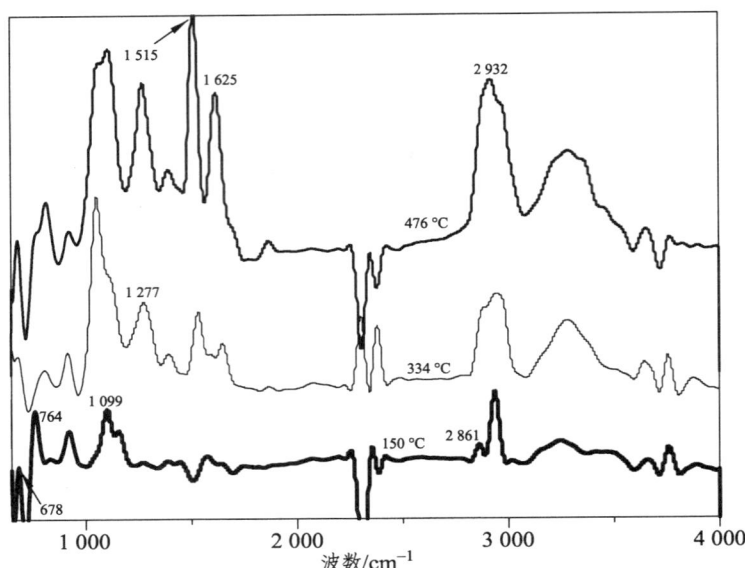

图 3-45　DMMP/TCEP-PUF（30）分解率最大时的红外谱图

图 3-44 为 DMMP/TCEP-PUF（20）分别在 136 ℃、335 ℃、474 ℃ 时的红外谱图。在 136 ℃ 出现的主要特征峰归属于有机磷卤化合物（C—O 1 099 cm^{-1}、P—C 923 cm^{-1}、P—O 764 cm^{-1}、C—Cl 678 cm^{-1}）、HCl（2 860 cm^{-1}），说明此温度下 TCEP 分解出 HCl 气体。335 ℃ 时，C—O（1 105 cm^{-1}）加强，出现了新的 P=O（1 302 cm^{-1}），HCl（2 860 cm^{-1}）、P—O（764 cm^{-1}）消失，说明 DMMP 和 TCEP 在此温度下进行了分解，同时由 3D 红外谱图中可以看出，有机物种类减少，说明此温度时，HCl 可能发挥了捕捉自由基的气相阻燃机制，产生含磷有机物发挥了固相阻燃机制。474 ℃ 时，P=O（1 302 cm^{-1}）消失，产生 H_2O（3 613 cm^{-1}），说明含磷有机物继续分解，这可能是磷酸和聚偏磷酸具有较强的脱水性，使得聚合物表面直接脱水炭化。

图 3-45 为 DMMP/TCEP-PUF（30）分别在 150 ℃、334 ℃、476 ℃ 时的红外谱图。150 ℃ 出现的主要特征峰归属于有机磷卤化合物（C—O 1 099 cm^{-1}、P—O 764 cm^{-1}、C—Cl 678 cm^{-1}）、HCl（2 861 cm^{-1}），说明此温度下 TCEP 分解出 HCl 气体。334 ℃ 时，出现了新的 P=O（1 277 cm^{-1}），HCl（2 860 cm^{-1}）、P—O（764 cm^{-1}）消失，说明 DMMP 和 TCEP 在此温度下进行了分解。476 ℃ 时，苯环骨架振动（1 515 cm^{-1}）、—C=C（1 625 cm^{-1}）、甲基及亚甲基（2 932 cm^{-1}）增强，含磷基团的波峰无明显变化，结合 TG 曲线，说明 DMMP 与 TCEP 在此温度下阻燃作用减弱。

3. 挥发性产物的 TG-FTIR 特性

为了获得更多气体混合物的信息,由于特征官能团很强的红外信号特征,聚氨酯硬泡分解产物可以明确地确定。特征官能团的特征及明确的位置可以在带中明显表示,红外光谱可以很好地表示气体产物。为了清楚地了解这些产物的变化,特征峰强度和时间(温度)的关系如下图所示,根据硬泡聚氨酯分解产生的化合物种类,对苯环骨架振动(1 515 cm^{-1})、—C=C(1 622 cm^{-1})、—NCO(2 275 cm^{-1})、H_2O(3 579 cm^{-1})进行了分析。

图 3-46 为 PUF 和 DMMP/TCEP-PUF(30)受热过程中含苯环化合物的生成趋势图。由图可知,DMMP/TCEP-PUF(30)在 285~400 ℃ 及 400~600 ℃,均出现一个峰值,趋势和 DTG 曲线相似,说明聚氨酯硬泡热降解的第二、第三阶段均产生含苯环基团的化合物。添加 DMMP/TCEP 阻燃剂的聚氨酯泡沫在第二阶段,对苯环化合物的生成都起到了抑制作用。第三阶段时,DMMP/TCEP-PUF(30)出现了一个大的峰值,这说明,DMMP/TCEP 不但没有抑制含苯环基化合物的生成,反而对含苯环基化合物的生成起到促进作用。这说明 DMMP/TCEP(30)改变了高聚物热降解的反应历程。第三阶段含苯环基团化合物的增多是由于 DMMP/TCE 具有催化降解作用。

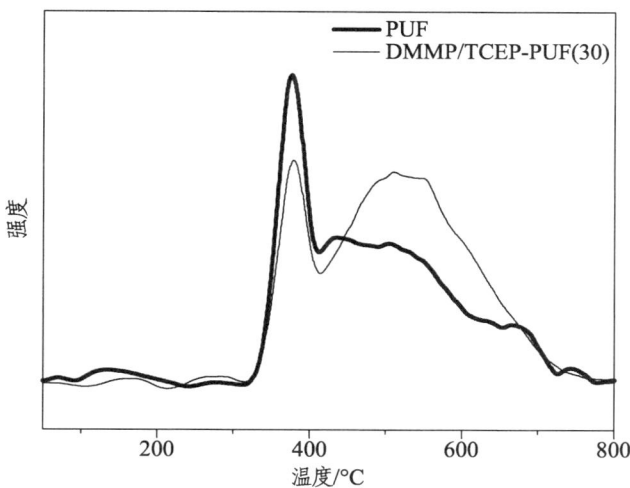

图 3-46 含苯环基团化合物的浓度与时间的关系图

图 3-47 为 PUF 和 DMMP/TCEP-PUF(30)受热过程中含—C=C 基团化合物的生成趋势图。DMMP/TCEP-PUF(30)在 285~400 ℃ 及 400~600 ℃,均出现一个峰值。与含苯环基团化合物的生成趋势相似,在第三阶段,DMMP/TCEP-PUF(30)生成更多的含—C=C 基团化合物。含—C=C 基团化

合物与含苯环基团化合物都是异氰酸酯和多元醇分解产生，说明 DMMP/TECP 的加入，抑制了第二阶段高聚物的分解，催化了第三阶段高聚物的分解。

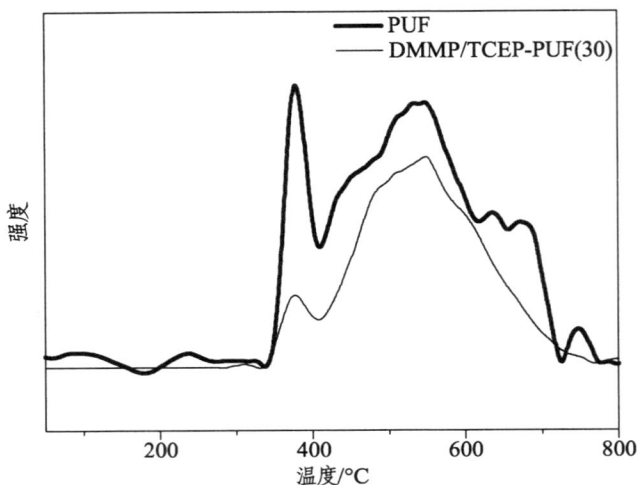

图 3-47　含—C=C 基团化合物的浓度与时间的关系图

图 3-48 为 PUF 和 DMMP/TCEP-PUF（30）受热过程中含—NCO 基团化合物的生成趋势图。图中看出，—NCO 的分解主要在 400 ℃ 之前进行，即聚氨酯第二分解阶段。PUF 在 180 ℃ 及 365 ℃ 各有一个峰值，也可看出 PUF 在温度较低时便开始分解。添加阻燃剂后，异氰酸酯的浓度明显降低，说明 DMMP/TCEP 抑制了第二阶段的分解。

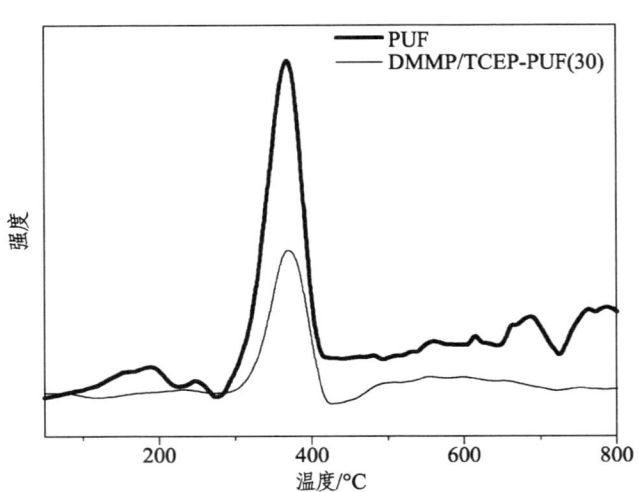

图 3-48　含—NCO 基团化合物的浓度与时间的关系图

图 3-49 为 PUF 和 DMMP/TCEP-PUF（30）受热过程中 H_2O 的生成趋势图。水的生成一方面反映了阻燃剂的分解作用，一方面反映了多元醇的热解速度。DMMP/TCEP-PUF（30）在分解过程中，水的浓度在 380 ℃ 及 570 ℃ 均有一个峰值，即高聚物热解第二、第三阶段均有水产生，并且第一个峰值较 PUF 明显变小，第二个增大，第一个峰值变小，说明 DMMP/TCEP 抑制了第二阶段中多元醇的分解。根据红外光谱分析，第二个峰值的产生可能是含磷化合物具有较强的脱水性，使得聚合物表面直接脱水炭化，加速了高聚物的炭化速度。

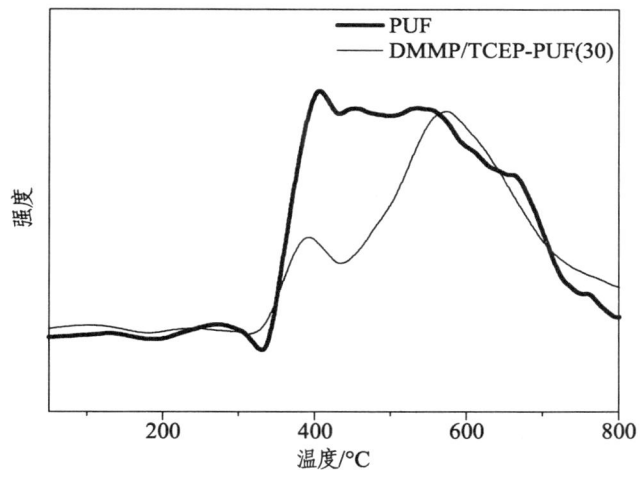

图 3-49 水的浓度与时间的关系图

3.6 聚氨酯硬泡热释放性能分析

未阻燃与阻燃 PUF 样品的 HRR 数据如图 3-50 ~ 3-52 所示。由样品的热释放测试数据显示，DMMP-PUF 的 Total HR 为 18.8（kJ/g），DMMP-TDCP-PUF Total HR 为 18.3（kJ/g），PUF 的 Total HR 为 18.6（kJ/g），总释放量相差较小，但最大热释放峰值与 PUF 相比下降约 10 W/g。由此可见，阻燃剂的加入降低了样品的最大热释放速率，减小了材料降解时反馈给燃烧体系的能量，达到了延缓材料分解的目的。

78　第三章　阻燃硬泡聚氨酯（复合发泡）的阻燃机理与燃烧产物分析

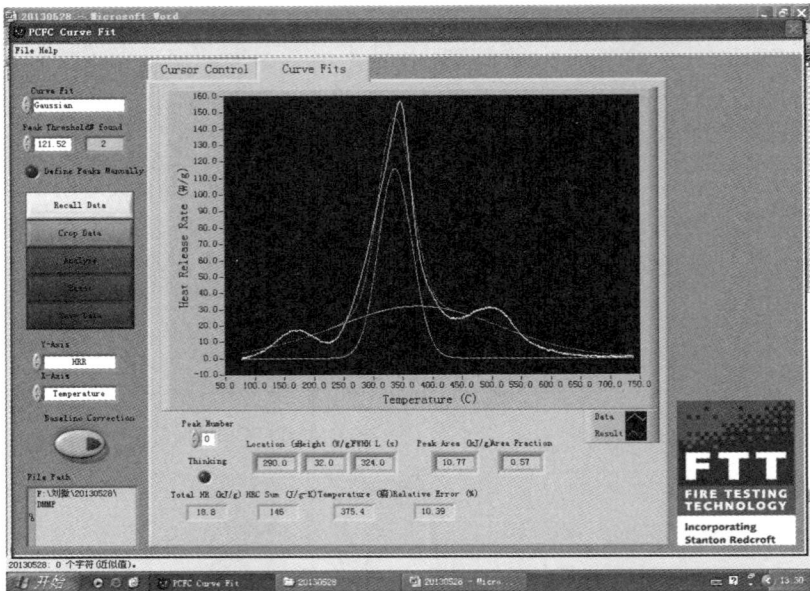

图 3-50　DMMP/TDCP-PUF HRR 分析数据

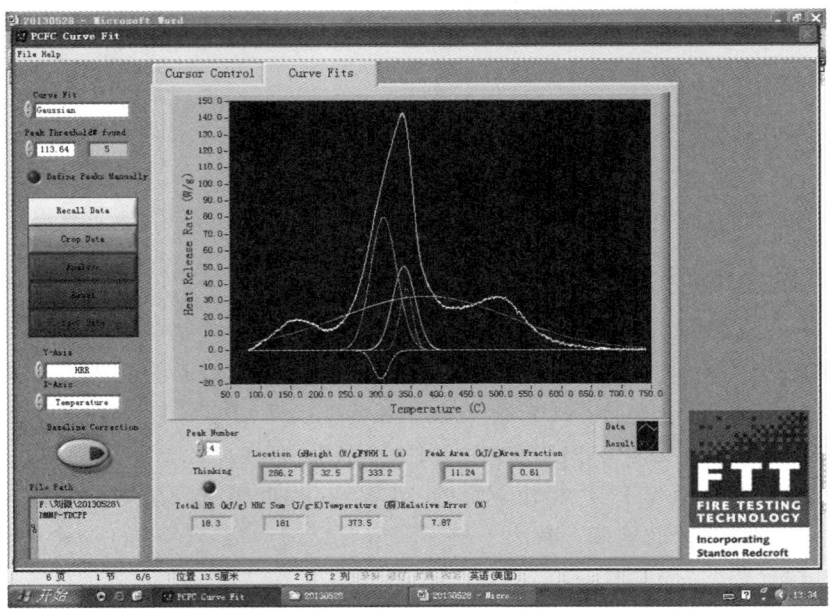

图 3-51　PUF HRR 分析数据

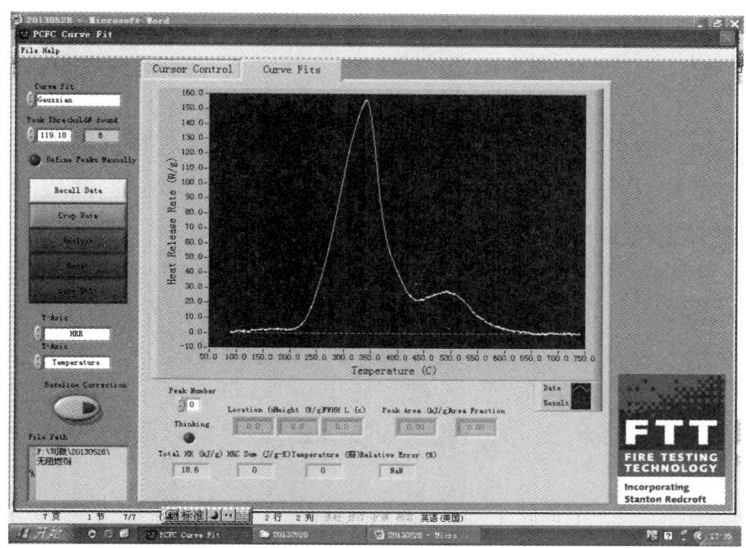

图 3-52 DMMP-PUF 的 HRR 数据

3.7 小　结

本章分析了纯聚氨酯硬泡在氮气氛围的热解条件下的热降解过程以及阻燃机理，同时对主要热解产物的产生规律进行了分析，得出以下结论：

（1）聚氨酯硬泡热解产物主要有烷烃类化合物、烯烃类化合物、苯类化合物、伯胺、酰胺、CO_2、H_2O 等。

（2）DMMP 的加入促进了硬泡聚氨酯的成炭量，减少了挥发产物的量，但是种类无变化，对聚氨酯的分解过程无明显影响。DMMP 对异氰酸酯和多元醇的分解有较强的抑制作用，阻燃作用分为两种，其凝聚相阻燃作用表现为：受热分解，并与聚合物（含氧聚合物）发生交联：磷化合物→磷酸→偏磷酸→聚偏磷酸。聚偏磷酸是不易挥发的稳定化合物，覆盖在聚合物表面形成一个保护层，起到阻燃作用。另外，磷酸和聚偏磷酸具有较强的脱水性，使得聚合物表面直接脱水炭化，避免可燃性气体的生成，同时在燃烧聚合物表面形成焦炭层。气相阻燃作用表现为，DMMP 在高温下裂解生成 PO、PO_2、HPO_2 等小分子物质，使得氢自由基浓度降低，从而阻止高聚物继续分解。链反应式为：

$$H_3PO_4 \longrightarrow HPO_2 + PO\cdot + 其他$$

$$PO\cdot + H\cdot \longrightarrow HPO$$

$$HPO + H\cdot \longrightarrow PO\cdot + H_2$$
$$PO\cdot + OH\cdot \longrightarrow HPO + O\cdot$$

（3）DMMP、TDCP 的加入改变了聚氨酯硬泡的分解方式，DMMP、TDCP 对聚氨酯硬泡有催化作用，这是由于 DMMP 和 TDCP 受热首先发生脱磷酸，酸催化聚合物脱水和重排交联炭化反应。DMMP 和 TDCP 阻燃剂的协同阻燃作用较小，对异氰酸酯和多元醇的分解抑制作用不明显。

（4）在聚氨酯硬泡中，使用 DMMP 和 TCPP 阻燃剂时，抑制了高聚物第二阶段（285~400 ℃）的分解，其气相阻燃可能起到了抑制异氰酸酯分解的作用。

（5）在聚氨酯硬泡中，使用 DMMP 和 TCEP 阻燃剂时，可抑制高聚物第二阶段的热解，但对第三阶段的抑制作用很弱，这可能是 DMMP/TCEP 改变了高聚物热降解的反应历程，第三阶段时 DMMP/TCEP 具有催化降解作用的结果。

本章参考文献

[1] 朱吕民，刘益君，等. 聚氨酯泡沫塑料[M]. 3 版. 北京：化学工业出版社，2005：1-3.

[2] VALENCIA L B, ROGAUME T, GUILLAUME E, et al. Analysis of principal gas products during combustion of polyether polyurethane foam at different irradiance levels[J].Fire Safety Journal, 2009, 44(7): 933-940.

[3] 李旭华，周长波，于秀玲，等. 热红联用研究废聚氨酯硬泡的燃烧特性[J]. 环境污染与防治，2013（8）：9-13.

[4] TROEV K, TSEVL R, BOUROVA T, et al. Synthesis of phosphorus-containing polyurethanes without use of isocyanates[J]. J.Polym. Sci Polym. Chem. Ed, 1996, 34(4): 621-631.

[5] 陈勇军，李斌，刘岚，等. 阻燃型硬质聚氨酯泡沫塑料研究进展[J]. 塑料科技，2012（3）：103-109.

[6] HOANG D Q, KIM J, JANG B N. Synthesis and performance of cyclic phosphorus-containing flame retardants[J].Polymer Degradation and Stability, 2008, 93(11): 2042-2047.

[7] LORENZETTI A, MODESTI M, BESCO S, et al. Influence of phosphorus valency on thermal behaviour of flame retarded polyurethane foams[J]. Polymer Degradation and Stability, 2011, 96(8): 1455-1461.

[8] CHATTOPADHYAY D K, WEBSTER D C. Thermal stability and flame retardancy of polyurethanes[J]. Progress in Polymer Science, 2009, 34: 1068-1133.

[9] 蒋磊,任强强. 秸秆热解过程 HCl 析出特性的试验研究[J]. 可再生能源, 2011, 1: 27-31.

[10] SINGH S, WU CHUNFEI, WILLIAMS P T. Pyrolysis of waste material using TGA-MS and TGA-FTIR as complementary characterization techniques [J]. Journal of Analytical and Applied Pyrolysis, 2012, 94 (3): 99-107.

[11] 傅宁,张勇. 采用 TGA/FT-IR 分析聚碳酸酯复合材料的热降解行为[J]. 化学工程与装备, 2010, 6: 1-4.

[12] VERDOLOTTI L, LACORGNA M, DI MAIO E, et al. Hydration-induced reinforcement of rigid polyurethane-cement foams: the effect of the co-continuous morphology on the thermal-oxidative stability[J]. Polymer Degradation and Stability, 2013, 98（1）: 64-72.

[13] CHEN H X, LU H Z, ZHOU Y, et al. Study on thermal properties of polyurethane nanocomposites based on organo-sepiolite[J]. Polymer Degradation and Stability, 2012, 97（3）: 242-247.

[14] LIU WEI, CHEN LI, WANG Y Z. A novel phosphorus-containing flame retardant for the formaldehyde-free treatment of cotton fabrics[J]. Polymer Degradation and Stability, 2012, 97: 2487-2491.

[15] 李旭华,周长波,于秀玲,等. 热红联用研究废聚氨酯硬泡的燃烧特性[J]. 环境污染与防治, 2013, 8: 9-13.

[16] 胡皆汉,郑学仿.实用红外光谱学[M]. 北京: 科学出版社, 2011: 286-287.

[17] 邓义. 含磷阻燃剂对 PET 热降解的影响和阻燃机理研究[D]. 成都: 四川大学, 2005.

[18] 杨锦飞,唐亚文,刘建祥. TCEP［三-（β-氯乙基）磷酸酯］阻燃剂的研制[J]. 精细化工, 1996, 2: 29-31.

[19] 亓延军,崔崟,龚伦伦,等. 聚氨酯硬泡外墙保温材料的热稳定性分析[J]. 安全与环境学报, 2012, 4: 212-216.

[20] 高明,武伟红,孙彩云. 聚氨酯泡沫塑料的阻燃及热解性能[J]. 合成树脂及塑料, 2009, 1: 35-38, 42.

[21] 高宁,刘微,李凤,等. 聚氨酯耐热性能研究进展[J]. 塑料科技,

（2014）42：123-127.

[22] LIU W, LI F, GE X G, et al. Effect of DMMP on the pyrolysis products of polyurethane foam materials in the gaseous phase[J]. IOP Conf. Series: Materials Science and Engineering, 2016, 137: 012-037.

[23] LIU W, ZHANG Z J, GE X G. Study on fire performance and pyrolysis of polyurethane foam material containing DMMP/TCPP[J]. International Journal of Polymer Analysis and Characterizaiton, 2018 (23): 38-44.

[24] LIU W, TANG Y, LI F, et al. TG-FTIR characterization of flame retardant polyurethane foams materials[J]. IOP Conf. Series: Materials Science and Engineering, 2016, 137: 012-033.

第四章

基于层次分析法的建筑外墙阻燃聚氨酯保温材料火灾风险评估[1]

墙体保温（隔热）是建筑节能工程的重中之重，节能奉献率占50%以上，而保温材料的优劣决定着节能工程的成败。无机保温材料由于其自身的局限性（如高导热系数、高吸水率、低结构强度等），很难实现高标准的建筑节能工程目标，而轻质、高效的有机保温材料承担着节能建材的重要角色。但是有机保温材料由于其易燃性，导致其火灾危险性大大增加[2]。

为了提高有机保温材料的防火安全性，通常对其进行阻燃处理，通过极限氧指数等指标来衡量材料的防火性能。然而，实际火灾场景下，材料的火灾危险性还包括点燃时间、热释放速率、烟密度、毒性等，因此，如何正确评价有机保温材料在实际火场条件下的火灾危险性已成为亟待解决的问题。

为能客观地评价真实火灾中材料的燃烧性能，1982年美国国家科学技术研究所（NIST）的Babrauskas等人开发设计了锥形量热仪（Cone Calorimeter，简称CONE）。CONE的燃烧环境与真实的燃烧环境极其相似，其试验结果与大型燃烧试验结果之间具有很好的相关性，能够表征材料的燃烧性能，在评价材料、材料设计和火灾预防等方面具有重要的参考价值[3]。CONE是以氧消耗原理为基础的新一代聚合物材料燃烧性能测定仪，由CONE获得的可燃材料在火灾中的燃烧参数有多种，包括释热速率（RHR）、总释放热（THR）、有效燃烧热（EHC）、点燃时间（TTI）、烟及毒性参数和质量变化参数（MLR）等。锥形量热仪法由于具有参数测定值受外界因素影响小、与大型实验结果相关性好等优点，被应用于很多领域的研究[4-9]。

材料的多种因素综合决定其火灾风险，采用定性和定量相结合的综合风险评估方法是目前风险评估的主要方法。层次分析法（Analytic Hierarchy Process，AHP）是美国著名运筹学专家T. L. Saaty于20世纪70年代提出的一种定性与定量相结合的多目标决策分析方法，是目前综合风险评估方法中应用最广、理论背景最雄厚的一种。这一方法的核心是将决策者的经验判断给予量化，从而为决策者提供定量形式的决策依据[10]。近年来，许多研究者采用 AHP 方法对火灾风险进行预测和评估。Wei Lai[11]等采用地理信息系统和 AHP 相结合的方法对城市消防设施的规划进行了研究。C. M. Zhao[12]采用 AHP 法对现存建筑的火灾风险进行模拟排序。Guozhong Zheng 等[13]采用模糊 AHP 法对湿热环境中工作安全性及早期预警进行了评估。R. Machado Tavares 等[14]采用 AHP 法选择起火源房间，并进行了案例分析。Shaoyun Ren[15]采用 AHP 法对后勤仓库的火灾风险进行了评估。M.N. Ibrahim 等[16]采用 AHP 法对传统建筑的火灾风险进行评估。Liu Hui 等[17]采用 AHP 法对建筑工地的火灾风险进行评估。Yi Guangwang 等[18]采用 AHP 法对高层建筑的火灾风险进行评估。

首先制备了膨胀型阻燃聚氨酯硬质泡沫塑料，然后采用锥形量热仪对阻燃聚氨酯硬质泡沫塑料的燃烧性能进行测试，通过 AHP 法对各指标进行权重分析，结合实际实验数据，综合评价并对比分析阻燃聚氨酯硬质泡沫塑料的火灾风险。此外，将该评价方法与传统评价方法进行了比较分析。

4.1　阻燃聚氨酯保温材料

4.1.1　原　料

聚醚多元醇，工业级，杭州羽合化工有限公司；聚磷酸铵，工业级，济南泰星精细化工有限公司；季戊四醇，试剂级，成都科龙化工试剂厂；三聚氰胺，试剂级，成都科龙化工试剂厂；氢氧化铝，试剂级，天津市致远化学试剂有限公司；多异氰酸酯，工业级，南京华晨化工贸易有限公司。

4.1.2　设　备

电动搅拌器，JJ-1，常州市新区苏南仪表厂；模具，自制。

4.1.3　实验内容

1. 组合聚醚的制备

将聚醚多元醇、阻燃剂（聚磷酸铵、季戊四醇、三聚氰胺、氢氧化铝）等原料按确定比例混合均匀，可制成组合聚醚。

2. 聚氨酯硬质泡沫塑料的制备

控制好组合聚醚与异氰酸酯的料温及模具温度，按确定的配方称取组合聚醚与异氰酸酯，混合后在电动搅拌器上搅拌 10 s，随后倒入模具中，使其发泡并熟化。

分别制得不添加阻燃剂的聚氨酯硬质泡沫塑料（0#）以及添加阻燃剂 10%（1#，质量百分比，下同）、20%（2#）、30%（3#）、40%（4#）和 50%（5#）的聚氨酯硬质泡沫塑料。

4.1.4 测试仪器及方法

1. 锥形量热

采用英国 Fire Testing Technology Limited 公司生产的 Fire Testing Technology 标准型锥形量热仪对聚氨酯硬质泡沫塑料的燃烧性能进行测试。样品厚度为 40 mm，测试环境温度为 16 °C，相对湿度为 22%，热辐射功率为 25 kW/m^2。通过 CONE 专用测定分析软件进行测试、分析，得出聚氨酯硬质泡沫塑料燃烧时的燃烧参数。

2. 极限氧指数

采用南京上元分析仪器有限公司生产的 HC-2C 型氧指数测定仪按照 GB/T 2406.2—2009 的测试方法测定聚氨酯硬质泡沫塑料的氧指数。

4.2 层次分析法计算过程

运用 AHP 法一般可分为 3 个步骤：首先，按照因素间的相互关系，将因素按不同层次聚集组合，形成一个多层次的分析结构模型；其次，根据对客观现象的主观判断，就每一层次因素的相对重要性给予量化描述；最后，利用数学方法确定每一层次全部因素相对重要性次序的数值，并进行一致性检验。若不满足一致性条件，则修改判断矩阵，直至满足为止。

4.2.1 规定判断矩阵标度

层次分析结构模型建立后，将问题转化为层次中各因素相对于上层因素相对重要性的排序问题。在排序计算中，采取成对因素的比较判断，然后根据一定的比率标度，形成判断矩阵。

4.2.2 构造判断矩阵

设问题 A 中有 B_1，B_2，$\cdots$，B_n 个指标，构造的判断矩阵 B 则为：

$$B = \begin{bmatrix} b_{11} & b_{12} & \cdots & b_{1n} \\ b_{21} & b_{22} & \cdots & b_{2n} \\ \vdots & \vdots & & \vdots \\ b_{n1} & b_{n2} & \cdots & b_{nn} \end{bmatrix}$$

式中　b_{ij}——纵列 B_i 与 B_j 相比较的结果。

4.2.3 计算判断矩阵的最大特征根和特征向量

求解判断矩阵的最大特征根 λ_{max}。将最大特征根对应的特征向量 W 采用方根法进行归一化处理，得到同一层次相应元素对上一层次某一元素相对重要性的排序值。

4.2.4 检验判断矩阵的一致性

一致性的判据为 CR=CI/RI<0.10 时，即认为问题 A 的不一致程度在容许范围内，可用其特征向量作为权向量。否则要重新进行成对比较，对 A 加以调整。其中：CR 为判断矩阵随机一致性比率；CI 为一致性指标，$CI = \dfrac{\lambda_{max} - n}{n - 1}$；RI 为随机一致性指标，是多次（大于 500 次）重复进行随机判断矩阵特征值计算后取算术平均值得到的。

4.3 建筑外墙保温材料火灾危险性评估模型的建立

4.3.1 建立建筑外墙保温材料火灾危险性评价模型

建筑外墙保温材料的火灾危险性通常包括燃烧危险性、生烟危险性、产烟

4.3 建筑外墙保温材料火灾危险性评估模型的建立

毒性危险性以及质量损失危险性。因此,建筑外墙保温材料的火灾危险性评价模型如表 4-1 所示。

表 4-1 建筑外墙保温材料的火灾危险性评价模型

建筑外墙保温材料火灾危险性 A	燃烧危险性 B_1	热释放速率峰值 C_1
		有效燃烧热 C_2
		平均热释放速率 C_3
		放热总量 C_4
		点燃时间 C_5
	生烟危险性 B_2	产烟速率峰值 C_6
		总烟释放量 C_7
	产烟毒性危险性 B_3	CO_2 产率 C_8
		CO 产率 C_9
	质量损失危险性 B_4	质量损失速率 C_{10}

4.3.2 构造判断矩阵

为了将两两比较的结果数量化,利用 AHP 的判断尺度来构造比较判断矩阵,其定义如表 4-2 所示。

表 4-2 判断尺度及含义

判断尺度	含 义
1	表示两因素相比,具有同等重要性
3	表示两因素相比,因素 i 比因素 j 的得分率高 10%(i 比 j 稍微重要)
5	表示两因素相比,因素 i 比因素 j 的得分率高 20%(i 比 j 明显重要)
7	表示两因素相比,因素 i 比因素 j 的得分率高 30%(i 比 j 强烈重要)
9	表示两因素相比,因素 i 比因素 j 的得分率高 40%(i 比 j 极端重要)
2,4,6,8	介于上述两个相邻判断尺度的中间
倒数	因素 i 与 j 比较得判断 a_{ij},则因素 j 与 i 比较得判断 $a_{ji}=1/a_{ij}$,$a_{ii}=a_{jj}=1$

按照表 4-2 中的判断尺度,两两比较 $B_1 \sim B_4$ 四个指标的相对重要性,可以确定 $B_1 \sim B_4$ 之间的相对重要性尺度,见表 4-3。

表 4-3　判断矩阵尺度表 $A \sim B_i$（$i=1, \ldots, 4$）

建筑外墙外保温材料的火灾危险性 A	燃烧危险性 B_1	生烟危险性 B_2	产烟毒性危险性 B_3	质量损失危险性 B_4
燃烧危险性 B_1	1	2/3	1/3	2
生烟危险性 B_2	3/2	1	1/2	3
产烟毒性危险性 B_3	3	2	1	4
质量损失危险性 B_4	1/2	1/3	1/4	1

同理，可得判断矩阵尺度表 $B_1 \sim B_4$，分别见表 4-4 ~ 4-7。

表 4-4　判断矩阵尺度表 $B_1 \sim C_i$（$i=1, \ldots, 5$）

燃烧危险性 B_1	热释放速率峰值 C_1	有效燃烧热 C_2	平均热释放速率 C_3	放热总量 C_4	点燃时间 C_5
热释放速率峰值 C_1	1	4	2	4/5	4/3
有效燃烧热 C_2	1/4	1	1/2	1/5	1/3
平均热释放速率 C_3	1/2	2	1	2/5	2/3
放热总量 C_4	5/4	5	5/2	1	5/3
点燃时间 C_5	3/4	3	3/2	3/5	1

表 4-5　判断矩阵尺度表 $B_2 \sim C_i$（$i=6, 7$）

生烟危险性 B_2	产烟速率峰值 C_6	总烟释放量 C_7
产烟速率峰值 C_6	1	2
总烟释放量 C_7	1/2	1

表 4-6　判断矩阵尺度表 $B_3 \sim C_i$（$i=8, 9$）

产烟毒性危险性 B_3	CO_2 产率 C_8	CO 产率 C_9
CO_2 产率 C_8	1	1/2
CO 产率 C_9	2	1

表 4-7　判断矩阵尺度表 $B_4 \sim C_i$（$i=10$）

质量损失危险性 B_4	质量损失速率 C_{10}
质量损失速率 C_{10}	1

4.3 建筑外墙保温材料火灾危险性评估模型的建立

根据表 4-3～4-7 的数据，可构造判断矩阵如下：

$$A = \begin{bmatrix} 1 & 2/3 & 1/3 & 2 \\ 3/2 & 1 & 1/2 & 3 \\ 3 & 2 & 1 & 4 \\ 1/2 & 1/3 & 1/4 & 1 \end{bmatrix}$$

$$B_1 = \begin{bmatrix} 1 & 4 & 2 & 4/5 & 4/3 \\ 1/4 & 1 & 1/2 & 1/5 & 1/3 \\ 1/2 & 2 & 1 & 2/5 & 2/3 \\ 5/4 & 5 & 5/2 & 1 & 5/3 \\ 3/4 & 3 & 3/2 & 3/5 & 1 \end{bmatrix}$$

$$B_2 = \begin{bmatrix} 1 & 2 \\ 1/2 & 1 \end{bmatrix}$$

$$B_3 = \begin{bmatrix} 1 & 1/2 \\ 2 & 1 \end{bmatrix}$$

$$B_4 = [1]$$

4.3.3 火灾危险性指数权重计算

1. 计算判断矩阵的最大特征根和特征向量

判断矩阵 A 的特征向量 W_A 为：

$$W_A = \begin{bmatrix} W_1 \\ W_2 \\ W_3 \\ W_4 \end{bmatrix} = \begin{bmatrix} 0.173\,0 \\ 0.259\,5 \\ 0.471\,2 \\ 0.096\,3 \end{bmatrix}$$，由此得到判断矩阵 A 的最大特征根

$\lambda_{A\max} = \sum\limits_{k=1}^{n}[AW_k/nW_k] = 4.020\,6$。

同理，得到判断矩阵 $B_1 \sim B_4$ 的特征向量和最大特征根分别为：

$$W_{B_1} = \begin{bmatrix} 0.266\,7 \\ 0.066\,7 \\ 0.133\,3 \\ 0.333\,3 \\ 0.200\,0 \end{bmatrix}, \quad \lambda_{B_1\max} = 5$$

$$W_{B_2} = \begin{bmatrix} 0.666\ 7 \\ 0.333\ 3 \end{bmatrix},\ \lambda_{B_2 \max} = 2$$

$$W_{B_3} = \begin{bmatrix} 0.333\ 3 \\ 0.666\ 7 \end{bmatrix},\ \lambda_{B_3 \max} = 2$$

$$W_{B_4} = [1],\ \lambda_{B_4 \max} = 1$$

2. 检验判断矩阵的一致性

对于 1 阶、2 阶判断矩阵，RI 总是完全一致[19]。因此，对于判断矩阵 B_2、B_3 和 B_4，具有满意的一致性。

对判断矩阵 A：

一致性指标：$\mathrm{CI}_A = \dfrac{\lambda_{A\max} - n}{n-1} = 0.006\ 9$

随机一致性指标：$\mathrm{CR}_A = \mathrm{CI}_A / \mathrm{RI}_A = 0.007\ 6$

同理，对判断矩阵 B_1：

一致性指标：$\mathrm{CI}_{B_1} = \dfrac{\lambda_{B_1 \max} - n}{n-1} = 0$

随机一致性指标：$\mathrm{CR}_{B_1} = \mathrm{CI}_{B_1} / \mathrm{RI}_{B_1} = 0$

3. 火灾危险评价性能指数的权重值

建筑外墙外保温材料火灾危险判断矩阵 A，$B_1 \sim B_4$ 具有较为满意的一致性，因此可以分别使用其特征向量作为火灾危险评价性能指标的权重值，如表 4-8～4-12 所示。

表 4-8　建筑外墙保温材料火灾危险性指标的权重

火灾危险性指标	燃烧危险性 B_1	生烟危险性 B_2	产烟毒性危险性 B_3	质量损失危险性 B_4
权重	0.173 0	0.259 5	0.471 2	0.096 3

表 4-9　建筑外墙保温材料燃烧危险性指标的权重

燃烧危险性指标	热释放速率峰值 C_1	有效燃烧热 C_2	平均热释放速率 C_3	放热总量 C_4	点燃时间 C_5
权重	0.266 7	0.066 7	0.133 3	0.333 3	0.200 0

表 4-10 建筑外墙保温材料生烟危险性指标的权重

生烟危险性指标	产烟速率峰值 C_6	总烟释放量 C_7
权重	0.666 7	0.333 3

表 4-11 建筑外墙保温材料产烟毒性危险性指标的权重

产烟毒性危险性指标	CO_2 产率 C_8	CO 产率 C_9
权重	0.333 3	0.666 7

表 4-12 建筑外墙保温材料质量损失危险性指标的权重

质量损失危险性指标	质量损失速率 C_{10}
权重	1

4.4 建筑外墙保温材料火灾危险性评估

采用锥形量热法对几种聚氨酯保温材料进行测试，结果见表 4-13。

表 4-13 聚氨酯硬质泡沫塑料的锥形量热仪实验测试结果

序号	热释放速率峰值/(kW/m²)	有效燃烧热/(MJ/kg)	平均热释放速率/(kW/m²)	放热总量/(MJ/m²)	点燃时间/s	产烟速率峰值/(m²/s)	总烟释放量/(m²/m²)	CO_2 产率/(kg/kg)	CO 产率/(kg/kg)	质量损失速率/(g/s)
0#	227	49	58	29	6	0.055	367	3.204	0.051	0.015 5
1#	167	30	48	27	11	0.055	415	2.817	0.073	0.013 9
2#	169	29	52	30	18	0.054	352	2.600	0.056	0.015 4
3#	153	24	39	23	18	0.036	334	2.508	0.040	0.014 2
4#	148	25	36	21	17	0.023	221	2.502	0.032	0.012 5
5#	77	10	12	7	20	0.007	266	2.139	0.022	0.010 4

根据指标评价体系，得到这几种聚氨酯材料的火灾危险性分值分别为：46.5，47.5，42.6，39.5，29.3，28.4。由此可以得到这几种聚氨酯保温材料的火灾危险性由高到低依次为：1#>0#>2#>3#>4#>5#。

采用极限氧指数法对聚氨酯硬质泡沫塑料进行测试，结果见表 4-14。

表 4-14　聚氨酯硬质泡沫塑料的极限氧指数

序　号	0#	1#	2#	3#	4#	5#
极限氧指数/%	19.3	22.2	23.3	26.2	26.3	29.2

从表 4-14 可以看出，几种聚氨酯硬质泡沫塑料的氧指数与阻燃剂含量密切相关，阻燃剂含量越高，氧指数也越高，火灾危险性越小。这几种聚氨酯硬质泡沫塑料的火灾危险性由高到低依次为：0#>1#>2#>3#>4#>5#。

对比采用锥形量热法测试并通过 AHP 方法评价聚氨酯硬质泡沫塑料的火灾危险性，以及采用传统的极限氧指数法评价聚氨酯硬质泡沫塑料的火灾危险性，可以发现，采用锥形量热法测试并通过 AHP 方法评价聚氨酯硬质泡沫塑料的火灾危险性时，产烟毒性危险性的权重较高，材料的火灾危险性主要取决于其产烟毒性，这与材料在实际火灾中的危险性吻合，更能客观准确地评价材料的火灾危险性。而传统的采用极限氧指数评价材料的火灾危险性的方法，仅反映了材料的燃烧危险性，而对材料的产烟毒性危险性、生烟危险性等无法准确评价，所以传统的采用极限氧指数评价材料的火灾危险性的方法不能准确客观地评价材料的火灾危险性。

4.5　小　结

制备了不同阻燃剂含量的聚氨酯硬质泡沫塑料，采用锥形量热法对制备的聚氨酯硬质泡沫塑料的燃烧特性进行了测试，并结合 AHP 法对聚氨酯硬质泡沫塑料的火灾危险性进行了评价，将评价结果与传统的采用极限氧指数的评价结果进行了对比，结果发现：采用锥形量热法测试并通过 AHP 方法评价建筑外墙保温材料的火灾危险性，比传统的采用极限氧指数的评价方法，更能准确客观地反映材料的火灾危险性。

本章参考文献

[1] LI L J, LI F, ZHANG Z J. Fire Risk Assessment of Fire Retardant Polyurethane Thermal Insulation Materials for Exterior Walls of Buildings Based on Analytical Hierarchy Process[J]. Advanced Materials Research，2013，785-786：191-198.

[2] 田军县. 有机保温材料在建筑节能工程中的作用及风险评估[J]. 建筑设计管理, 2011, 28（1）: 75-77.

[3] 王庆国, 张军, 张峰. 锥形量热仪的工作原理及应用[J]. 现代科学仪器, 2003（6）: 36-39.

[4] 徐晓楠. 新一代评估方法: 锥形量热仪（CONE）法在材料阻燃研究中的应用[J]. 中国安全科学学报, 2003, 13（1）: 19-23.

[5] BOULET P, PARENT G, ACEM Z, et al. Characterization of the radiative exchanges when using a cone calorimeter for the study of the plywood pyrolysis[J]. Fire Safety Journal, 2012, 51: 53-60.

[6] LUCHE J, ROGAUME T, RICHARD F, et al. Characterization of thermal properties and analysis of combustion behavior of PMMA in a cone calorimeter[J]. Fire Safety Journal, 2011, 46（7）: 451-461.

[7] LUCHE J, MATHIS E, ROGAUME T, et al. High-density polyethylene thermal degradation and gaseous compound evolution in a cone calorimeter[J]. Fire Safety Journal, 2012, 54: 24-35.

[8] HAN Z D, FINA A, MALUCELLI G, et al. Testing fire protective properties of intumescent coatings by in-line temperature measurements on a cone calorimeter[J]. Progress in Organic Coatings, 2010, 69（4）: 475-480.

[9] TSAI K C, DRYSDALE D. Using cone calorimeter data for the prediction of fire hazard[J]. Fire Safety Journal, 2002, 37（7）: 697-706.

[10] SAATY T L. Decision Making-The Analytic Hierarchy and Network Processes（AHP/ANP）[J]. Journal of Systems and Systems Engineering, 2004, 13（1）: 1-34.

[11] WEI L, LI H L, LIU Q. Study and implementation of fire sites planning based on GIS and AHP[J]. Procedia Engineering, 2011, 11: 486-495.

[12] ZHAO C M, LO S M, LU J A. A simulation approach for ranking of fire safety attributes of existing buildings[J]. Fire Safety Journal, 2004, 39（7）: 557-579.

[13] ZHENG G Z, ZHU N, TIAN Z. Application of a trapezoidal fuzzy AHP method for work safety evaluation and early warning rating of hot and humid environments[J]. Safety Science, 2012, 50（2）: 228-239.

[14] TAVARES R M, TAVARES J M L, PARRY-JONES S L. The use of a mathematical multicriteria decision-making model for selecting the fire

origin room[J]. Building and Environment, 2008, 43(12): 2090-2100.

[15] REN S Y. Assessment on Logistics Warehouse fire Risk based on Analytic Hierarchy Process[J]. Procedia Engineering, 2012, 45: 59-63.

[16] IBRAHIM M N, ABDUL-HAMID K, IBRAHIM M S. The Development of Fire Risk Assessment Method for Heritage Building[J]. Procedia Engineering, 2011, 20: 317-324.

[17] LIU H, WANG Y Q, SUN S M. Study on Safety Assessment of Fire Hazard for the Construction Site[J]. Procedia Engineering, 2012, 43: 369-373.

[18] YI G W, QIN H L. Fuzzy Comprehensive Evaluation of Fire Risk on High-Rise Buildings[J]. Procedia Engineering, 2011, 11: 620-624.

[19] 何翎,张双狮,董希琳,等. 有机卤系阻燃剂火灾烟气危害评估(一): 层次分析法[C]//2008(沈阳)国际安全科学与技术学术研讨会论文集, 2008: 418-421.

第五章
几种常用有机保温材料的燃烧特性比较

热重分析法 TGA（Thermogravimetric Analysis）是在程序温度下测量样品的质量与时间或温度关系的一种方法，是研究聚合物热稳定性最为有效简捷的方法，且材料的热稳定性与其阻燃性能也有一定的联系。本章研究了常见的3种有机保温材料的热稳定性。图 5-1 是各材料在氮气气氛下的热重曲线。

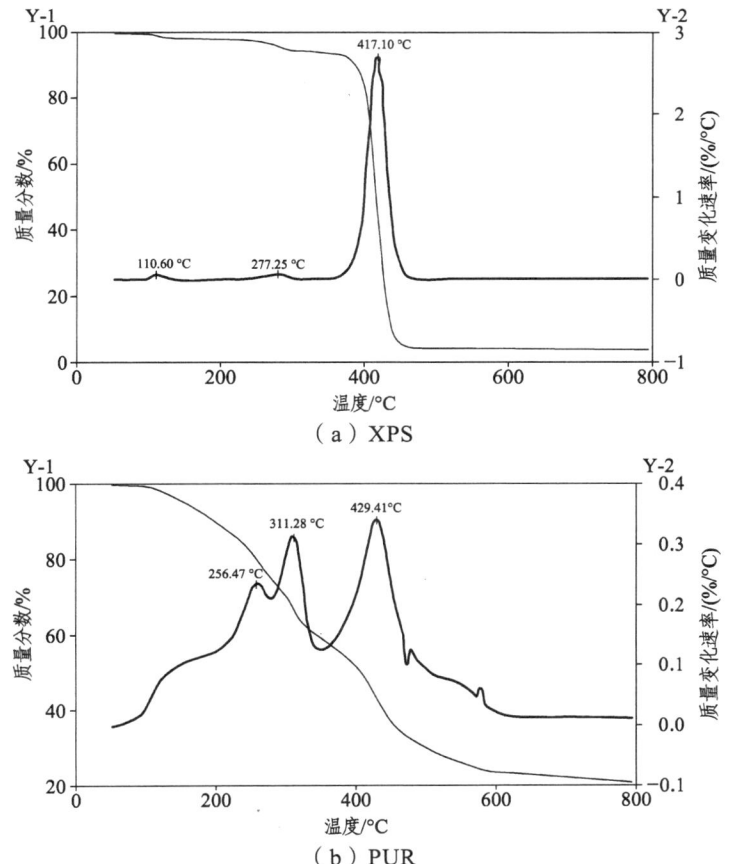

(a) XPS

(b) PUR

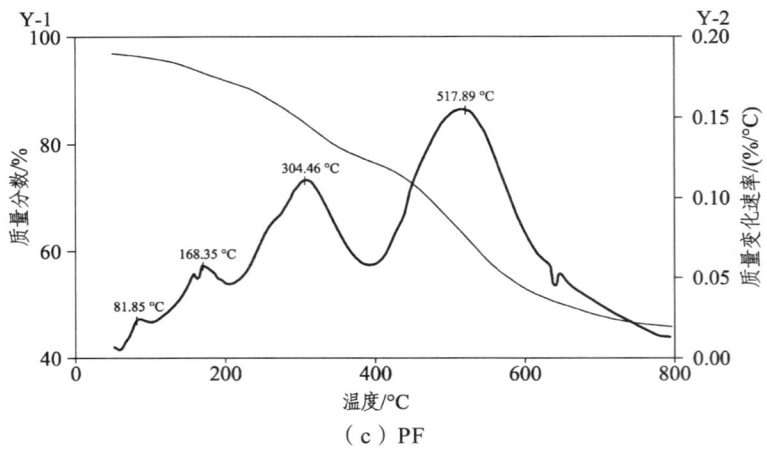

(c) PF

图 5-1 有机保温材料的 TGA 测试曲线图

从图中可获得的主要的热分解参数有：热失重 5%时的分解温度 $T_{5\%}$，定义为样品的初始分解温度；最大失重速率时的温度 T_{max}；样品在 750 ℃ 下的残留物质量百分数数据 $wt_R{}^{750}$。各样品的上述热分解参数见表 5-1。

表 5-1 有机保温材料的 TGA 测试数据表

样 品	$T_{5\%}$/℃	T_{max1}/℃	T_{max2}/℃	T_{max3}/℃	$wt_R{}^{750}$/%
聚苯乙烯泡沫（XPS）	296.4	110.6	277.3	417.1	3.97
喷涂聚氨酯泡沫（PUR）	158.0	256.5	311.3	428.4	21.6
酚醛泡沫（PF）	197.6	168.4	304.5	517.9	48.1

通过表 5-1 中的数据及图 5-1 分析可知，聚苯乙烯泡沫（XPS）、喷涂聚氨酯泡沫（PUR）、酚醛泡沫（PF）的 $T_{5\%}$ 分别为 296.4 ℃，158.0 ℃，197.6 ℃，即聚苯乙烯泡沫在低温区相对稳定，而喷涂聚氨酯泡沫在温度较低的情况下就发生分解，酚醛泡沫的低温区热稳定性介于二者之间。这表明喷涂聚氨酯泡沫受热时更容易产生分解，生成可燃气体，易于被引燃。比较 3 种材料的 TG 和 DTG 曲线可知：XPS 只有一个明显的分解步骤，最大失重速率时的温度为 417.1 ℃；PUR 有 3 个非常明显的失重阶段，各阶段的最大失重速率时的温度分别为 256.5 ℃，311.3 ℃，428.4 ℃，其中 428.4 ℃ 处 DTG 曲线峰值最大；PF 也有 3 个非常明显的失重阶段，各阶段的最大失重速率时的温度分别为 168.4 ℃，304.5 ℃，517.9 ℃，其中 517.9 ℃ 处 DTG 曲线峰值最大。各个样品在 750 ℃ 下的残留物质量百分数数据分别为 XPS 3.97%，PUR 21.6%，PF

48.1%，这都表明在高温区 PF 和 PUR 具有更好的热稳定性，在受热时热固性的材料更容易生成炭层，从而由炭层对保温板材内部起到一定防火保护作用。

随着火灾科学和消防工程学科研究的不断发展，对材料燃烧特性的研究从早期的火焰传播和蔓延，逐渐扩展到包括燃烧热释放速率、燃烧热释放量、燃烧烟密度以及燃烧产物毒性等多个参数。基于上述原因，我国制定了国家标准 GB 8624《建筑材料及制品燃烧性能分级》，提出了所有建筑材料及制品的燃烧性能分级方法，将燃烧性能分为不燃材料（A 级）、难燃材料（B1 级）、可燃材料（B2 级）、易燃材料（B3 级）四个等级。对建筑外墙保温材料的燃烧性能进行分级时，主要考察的燃烧特性包括：燃烧增长速率指数（FIGRA）、600 s 内总热释放量（THR_{600s}）、焰尖高度（F_s）、氧指数（OI）、烟气生产速率指数（SMOGRA）、600 s 内总产烟量（TSP_{600s}）、产烟毒性等。本章采用 GB 8624 标准的测试方法研究了阻燃聚氨酯、三聚氰胺、包覆改性 EPS 等三种常见有机保温材料样品的燃烧特性。

表 5-2 所示为阻燃聚氨酯、三聚氰胺、包覆改性 EPS 三种保温材料的燃烧特性测试数据。从表中可以看到，测试的三个样品中，三聚氰胺和包覆改性 EPS 两个样品的燃烧性能达到 B1 级，而阻燃聚氨酯样品的燃烧性能为 B2 级。测试的阻燃聚氨酯样品的氧指数最低，其燃烧增长速率指数、600 s 内总热释放量和焰尖高度最高，表明该样品更易于燃烧。包覆改性 EPS 样品的燃烧增长速率指数、600 s 内总热释放量和焰尖高度最低，表明燃烧性能最佳。在燃烧产烟性能方面，阻燃聚氨酯和三聚氰胺的烟气生产速率指数与 600 s 内总产烟量都比较高，并且其产烟毒性均未达到准安全三级（ZA3），表明这两种材料燃烧过程中释放的烟气毒性较高。

表 5-2　三种保温材料的燃烧特性测试数据

样品	FIGRA/（W/s）	THR_{600s}/MJ	F_s/mm	OI/%	SMOGRA/（m^2/s^2）	TSP_{600s}/m^2	产烟毒性	燃烧等级
阻燃聚氨酯	2 883	17.4	115	31.4	648	309	未达 ZA3	B2
三聚氰胺	95	2.8	90	39.4	34	144	未达 ZA3	B1
包覆改性 EPS	0	0.7	20	52.5	5	59	ZA1	B1

在实际应用中，建筑外墙保温材料通常是以建筑外墙保温系统的形式使用的。建筑外墙保温系统是指，采用规定的构造方式将包括保温材料在内的多种材料安装在建筑外墙外表面上，具有一定保温性能的完整结构系统。因此，针对保温材料本身的燃烧特性研究并不能完全反映出建筑物外墙保温系统在实

际发生火灾时的燃烧特性。我国参考英国标准 BS 8414-1：2002《建筑外包覆系统的防火性能第 1 部分：适用于建筑表面非承重外包覆系统的实验方法》，在充分考虑我国建筑外墙外保温系统的应用现状后，制定了国家标准 GB/T 29416—2012《建筑外墙外保温系统的防火性能试验方法》用于评价安装在建筑外墙上的非承重外墙保温系统的防火性能。本章按照 BS 8414-1：2002 和 GB/T 29416—2012 的试验方法研究了阻燃聚氨酯、三聚氰胺、包覆改性 EPS 等三种常见有机保温材料样品的燃烧特性，测试的主要燃烧特性包括：持续可见火焰、外部温升、内部温升、燃烧残片或熔滴物、系统稳定性等。

表 5-3 所示为阻燃聚氨酯、三聚氰胺、包覆改性 EPS 三种保温材料的系统实验测试数据。从表 5-3 中可以看到：三个试样的保温系统在测试过程中均未出现全部或部分垮塌，也没有燃烧残片或熔滴物产生；在持续可见火焰方面，三个试样的数据比较接近，其中三聚氰胺试样的的火焰蔓延范围略小；在温度传播方面，三个试样的外部温升较为接近，三聚氰胺试样的内部温升最低，表明三聚氰胺试样在燃烧过程中成炭效果较好，形成了保护层，阻燃聚氨酯的成炭性能较差，没有形成保护层，包覆改性 EPS 在燃烧过程中 EPS 颗粒熔融后隔热效果有所降低。与表 5-2 中的数据进行对比，可以发现保温材料自身的燃烧性能差异在保温系统的防火性能测试中有一定的体现，如保温系统的外部温升与保温材料的燃烧性能正相关，但是，自身燃烧性能差异较大的三个保温材料试样在保温系统实验中并未表现出显著的燃烧性能差异。

表 5-3 三种保温材料的系统实验测试数据

样品	持续可见火焰/m			外部温升/°C	内部温升/°C	燃烧残片或熔滴物	系统稳定性
	垂直高度	主墙水平	副墙水平				
阻燃聚氨酯	7.8	2.2	1.4	564	206	无	未出现全部或部分垮塌
三聚氰胺	7.1	2.0	0.8	559	64	无	未出现全部或部分垮塌
包覆改性 EPS	8.0	2.0	1.0	531	154	无	未出现全部或部分垮塌

第六章

结 论

本书分别采用无机阻燃剂、有机含磷阻燃剂以及无机/有机阻燃剂复配的方法，通过烃类发泡、无卤阻燃全水发泡以及复合发泡方式制备了清洁阻燃硬质聚氨酯泡沫，考察了阻燃剂种类、含量对阻燃硬质聚氨酯泡沫热稳定性、热释放性能的影响，通过 TG-FTIR 联用的方法测试分析了 HCN 等有毒气体的释放规律。采用层次分析法结合锥形量热测试，建立了建筑外墙保温材料的火灾危险性评价模型和方法。另外，对常用外墙保温有机材料的燃烧特性进行了比较分析。通过上述研究，得到结论如下：

（1）复合材料中，添加 MP、$Mg(OH)_2$ 的热分解温度低于纯树脂基体的热分解温度，其余都比原纯树脂高。

（2）添加三氧化二锑的 PUF 热分解温度仅略高于纯树脂，添加 MPOP 的复合材料热分解温度最高，添加 MC 的次之，添加 $Mg(OH)_2$ 的热分解温度最低。

（3）无机氢氧化物不利于 PUF 耐热性的提高，这是由于含有一定量低温可分解 OH—所致；添加 APP 的 PUF 从分解温度与残存量综合考虑，是最优的阻燃剂。

（4）加大阻燃剂加入量达 40%后，所有复合材料的热分解温度均高于纯树脂基本的分解温度；且大量添加阻燃剂的 PUF 的热分解情况受阻燃剂本身热分解规律影响，阻燃剂与基体材料互动作用较弱。

（5）少量的珍珠岩具有阻滞 PUF 分解的作用；而大量珍珠岩在混合阻燃剂中起到了促使 PUF 炭化分解的反作用。

（6）MPOP、MP、MC、$Mg(OH)_2$ 可改变聚氨酯的热释放氰化氢的规律，从 600 ℃ 的红外谱图可知，在 1 532 cm^{-1} 处阻燃聚氨酯均出现了吸收峰为—CO—NH—的变形振动吸收峰，也证实了此时有氰化氢的释放，从峰的强度还说明此温度下氰化氢释放量比没加入阻燃剂时更大。加大阻燃剂加入量，上述规律更明显。

（7）在 600 ℃ 时，除纯聚氨酯外，阻燃聚氨酯均在 1 730 cm^{-1} 处没有出现

C═O 的伸缩振动峰,说明阻燃剂能致聚氨酯快速炭化,中间产生 C═O 中间产物少。

(8)在 600 ℃时,纯样品在 1 604 cm^{-1},1 538 cm^{-1},1 250～1 230 cm^{-1},1 450 cm^{-1}吸收峰尖锐且没有明显区分开来,而阻燃处理后的样品在上述波段均出现了特征吸收峰,说明 600～700 ℃时,聚氨酯的组分还没有完全氧化。这是阻燃剂能延迟聚氨酯组分的氧化分解,以致更多成分可炭化阻燃。

(9)加入珍珠岩后,随着热解温度的升高,在 2 270 cm^{-1}附近出现的峰强度更弱,说明分解生成的氰化氢已减少。总的释放氰化氢的量也会减少,炭化量增加。加入珍珠岩的量对材料的性能影响不明显。

(10)阻燃 PUF 中 ATH 的添加量对 PUF 的燃烧性能参数影响比较大。ATH 阻燃体系中,当只加入少量 ATH 时,热释放峰值温度明显降低,热释放速率明显增加,其燃烧总释放热微增加,没有起到阻燃作用,相反起到了促进分解(类催化剂)的作用。但当只加入 ATH 量稍多时,热释放速率稍降低,其燃烧总释放热明显减少,但热释放峰值温度降低,起到了一定阻燃作用。由于使热释放峰值温度降低,从一定程度上又增大了火灾危险性,所以 Sb$_2$O$_3$并不是 PUF 的优良阻燃剂。

(11)APP 使 PUF 燃烧总释放热明显减少,着火温度明显提高,起始分解温度稍降低,热释放速率基本相当,热释放峰值温度稍降低,起到了明显的阻燃作用。MPOP 是比较优良的阻燃剂,并且还可以发现,经 MPOP 阻燃的 PUF 燃烧过程发生明显膨胀现象,并有一定量的滴落。

(12)氮系阻燃剂能降低材料的最高热释放速率,使其热释放变缓。加入阻燃剂量增多,最高热释放速率进一步降低,复合材料的热释放量小量减少。

(13)少量的氢氧化镁阻燃剂却能使 PUF 的热释放总量增加;大量加入时,能有限地降低其热释放量。

(14)少量的珍珠岩阻燃剂能使 PUF 的热释放下降;大量加入时,能进一步降低其热释放量。

(15)相比较磷系阻燃剂阻燃 PUF 最好,MPOP、MP、APP 都能够使 PUF 热释放速率降低 80%以上。含磷或氮类阻燃剂阻燃 PUF 效果均好于氢氧化镁与三氧化二锑加入体系。三氧化二锑加入体系中量较大时,发生阻燃效果明显。APP 和珍珠岩复配体系相对于 APP 阻燃 PUF 效果并不明显。

(16)采用 APP、ATH 与 EG 组成复配阻燃体系对全水发泡聚氨酯硬质泡沫塑料进行阻燃处理,很好地平衡了阻燃 RPUF 的阻燃和力学性能,得到了阻燃性能优良、压缩强度高的无卤阻燃全水发泡聚氨酯硬质泡沫材料。EG 虽然能很好地提高 RPUF 的阻燃性能,但大量 EG 的加入影响了 RPUF 的泡孔结构完整性，使其压缩强度大幅降低。EG/APP/ATH 复配体系具有很好的阻燃协同效应，当其组分比为 6/2/2 时，该复配体系的阻燃效果最佳，阻燃剂含量为 27% 的阻燃 RPUF 的 LOI 达到 39%，同时该复配阻燃体系对 RPUF 的结构影响小，其压缩强度为 326 kPa，仅略低于纯 RPUF。

（17）聚氨酯硬泡热解产物主要有烷烃类化合物、烯烃类化合物、苯类化合物、伯胺、酰胺、CO_2、H_2O 等。

（18）DMMP 的加入促进了硬泡聚氨酯的成炭量，减少了挥发产物的量，但是种类无变化，对聚氨酯的分解过程无明显影响。DMMP 对异氰酸酯和多元醇的分解有较强的抑制作用，阻燃作用分为两种，其凝聚相阻燃作用表现为受热分解，并与聚合物（含氧聚合物）发生交联：磷化合物→磷酸→偏磷酸→聚偏磷酸。聚偏磷酸是不易挥发的稳定化合物，覆盖在聚合物表面形成一个保护层，起到阻燃作用。另外，磷酸和聚偏磷酸具有较强的脱水性，使得聚合物表面直接脱水炭化，避免可燃性气体的生成，同时在燃烧聚合物表面形成焦炭层。气相阻燃作用表现为，DMMP 在高温下裂解生成 PO、PO_2、HPO_2 等小分子物质，使得氢自由基浓度降低，从而阻止高聚物继续分解。

（19）DMMP、TDCP 的加入改变了聚氨酯硬泡的分解方式，DMMP、TDCP 对聚氨酯硬泡有催化作用，这是由于 DMMP 和 TDCP 受热首先发生脱磷酸，酸催化聚合物脱水和重排交联炭化反应。DMMP 和 TDCP 阻燃剂的协同阻燃作用较小，对异氰酸酯和多元醇的分解抑制作用不明显。

（20）在聚氨酯硬泡中，使用 DMMP 和 TCPP 阻燃剂时，抑制了高聚物第二阶段（285～400 ℃）的分解，其气相阻燃可能起到了抑制异氰酸酯的分解的作用。

（21）在聚氨酯硬泡中，使用 DMMP 和 TCEP 阻燃剂时，可抑制高聚物第二阶段的热解，但对第三阶段的抑制作用很弱，这可能是 DMMP/TCEP 改变了高聚物热降解的反应历程。第三阶段时，DMMP/TCEP 具有催化降解作用的结果。

（22）采用锥形量热法对制备的聚氨酯硬质泡沫塑料的燃烧特性进行了测试，并结合 AHP 法对聚氨酯硬质泡沫塑料的火灾危险性进行了评价，将评价结果与传统的采用极限氧指数的评价结果进行了对比，结果发现：采用锥形量热法测试并通过 AHP 方法评价建筑外墙保温材料的火灾危险性，比传统的采用极限氧指数的评价方法，更能准确客观地反映材料的火灾危险性。

（23）在热分解过程中，在低温区，聚苯乙烯泡沫相对稳定，而聚氨酯泡沫会发生分解，酚醛泡沫的热稳定性介于二者之间；在高温区，酚醛泡沫和聚氨酯泡沫具有更好的热稳定性，在受热时热固性的材料更容易生成炭层，从而由炭层对保温板材内部起到一定防火保护作用。

（24）保温材料自身的燃烧性能差异在保温系统的防火性能测试中有一定的体现，如保温系统的外部温升与保温材料的燃烧性能正相关，但是，自身燃烧性能差异较大的三个保温材料试样在保温系统实验中并未表现出显著的燃烧性能差异。